Arnd Joachim Garth

Krisenmanagement und Kommunikation

Arnd Joachim Garth

Krisenmanagement und Kommunikation

Das Wort ist ein Schwert – die Wahrheit ein Schild

GABLER

Bibliografische Information der Deutschen Nationalbibliothek
Die Deutsche Nationalbibliothek verzeichnet diese Publikation in der Deutschen Nationalbibliografie; detaillierte bibliografische Daten sind im Internet über <http://dnb.d-nb.de> abrufbar.

1. Auflage 2008

Lektorat: Maria Akhavan-Hezavei | Stefanie Winter

Gabler ist Teil der Fachverlagsgruppe Springer Science+Business Media.
www.gabler.de

Umschlaggestaltung: Nina Faber de.sign, Wiesbaden
Druck und buchbinderische Verarbeitung: Wilhelm & Adam, Heusenstamm
Gedruckt auf säurefreiem und chlorfrei gebleichtem Papier
Printed in Germany

ISBN 987-3-8349-0948-0

Krisenfestes Vorwort

Stellen Sie sich vor, Bruce Willis wäre Krisenmanager in einem Unternehmen, das mit giftigen Substanzen arbeitet. Die Problemlösung per Hollywood wäre so einfach. Er gibt lächelnd ein Interview, geschliffen vom Drehbuchautor. Vor fünf Minuten hat er noch einen Terroristen zu den Jungfrauen geschickt. Die nächste Kameraeinstellung zeigt ihn bei seinem Auftritt im Vorstand. Das kurze Rededuell entscheidet er für sich, die Anweisungen für den Krisenstab sind kurz und präzise. Niemand widerspricht. Die Medien sowie die Kinobesucher sind auf seiner Seite, denn er ist ein Held, der Entschlossenheit, Unnachgiebigkeit und Unbestechlichkeit sein eigen nennt. Er arbeitet fast wie ein Schweizer Uhrwerk. Schwierigkeiten werden cool weggeredet oder hingerichtet ... anders ist das wahre Leben.

Auch heldenhaft wie im Film, denn Unternehmen sind wie Lebewesen mit starken Sonnenseiten und sensiblen Schatten, mit Produkten und lebendigen Marken und mit Menschen, die sich in diesem Lebewesen eingenistet haben, je nach Position und Tätigkeitsbereich direkt oder indirekt an den Blutkreislauf angeschlossen. Das Lebewesen ist störanfällig, da es in ein lebendiges System eingegliedert ist mit Kunden, Lieferanten, Verbrauchern, Gesetzgebern, Vereinen, Gruppierungen, Aktionären, Analysten, Banken, Journalisten und deren Infrastrukturen.

Bei Krankheitsbefall, wir nennen es Krise, reagiert der komplexe Organismus so, wie sein Kopf und sein zentrales Nervensystem ihn steuern. Das an Menschen, Kapital und Technik gebundene Wesen reagiert gemäß dem System, in welchem es lebt. Stress, Angst und Panik sind zunächst normal, aber nach dem ersten Schock müssen Handlungsweisen, Entscheidungen und Botschaften das Geschehen nicht nur erklären, sondern perfekt steuern. Die Analyse des Immunsystems, die Untersuchung der Symptome, die Einschätzung der Bedrohung entscheiden darüber, ob es ein Konflikt oder bereits eine handfeste Krise ist ...

Wie Sie auch als Held in einer Krise agieren können, erfahren Sie in diesem Buch. Sie bekommen das Rüstzeug eines modernen Notfallrettungs-Mediziners. Das Skalpell ist die Kommunikation, der Impfstoff ist die Ehrlichkeit, der Verband ist die Entschlossenheit. Das Stethoskop ist die Gründlichkeit. Sie werden erfahren, dass Sie auf diesen Einsatz vorbereitet sein müssen und dass Sie dazu eine ordentliche Dosis Mut brauchen. Ihre OP-Schwestern sind die Mitarbeiter, Ihr Krisenstab und Ihre Kollegen. Sie heilen für die Marke, für die Produkte, für die Ehre des Unternehmens oder die Rettung der Organisation. Sie treten an für die Erhaltung der Arbeitsplätze, für ein Wertesystem, für die Aufrichtigkeit und eine bessere Zukunft.

Ihre Macht ist Ihr Wissen, Ihre Einsatzvorbereitung, Ihre Schnelligkeit mit Präzision und Ihre Medikamentenauswahl. Sie werden mit diesem Buch Besitzer eines Krisennotfallkoffers. Die Macht sei mit Ihnen.

Liebe, geschätzte Frauen, dies Buch verzichtet auf die feminine Form in der Ansprache der Leser/Innen. Da es in Krisenfällen alles gibt, außer Zeit, habe ich auf diese Schreibweise verzichtet. Fühlen Sie sich gleichberechtigt angesprochen und ermuntert, sich ebenfalls des Krisennotfallkoffers zu bemächtigen.

Berlin, Mai 2008 Arnd Joachim Garth

Inhaltverzeichnis

„Das Gewebe dieser Welt ist aus Notwendigkeit und Zufall gebildet; die Vernunft des Menschen stellt sich zwischen beide und weiß sie zu beherrschen; sie behandelt das Notwendige als den Grund ihres Daseins; das Zufällige weiß sie zu lenken, zu leiten und zu nutzen."

Johann Wolfgang von Goethe, deutsches Universalgenie

„Die Welt hat genug für jedermanns Bedürfnisse, aber nicht für jedermanns Gier."

Mahatma Gandhi, Krisenherdentflechter

„Wenn Unternehmen in der Krise tröpfchenweise Wahrheiten servieren und die Medien ganze Bugwellen dagegensetzen, dann erleben diese den Tsunami, der ihr Unternehmen unter Wasser setzt oder gar wegspült."

Arnd Joachim Garth

Kapitel 1: Krisenkommunikation – eine unterschätzte Disziplin

„Das Wort Krise setzt sich im Chinesischen aus zwei Schriftzeichen zusammen – das eine bedeutet Gefahr und das andere Gelegenheit."

John F. Kennedy, 35. Präsident der USA

Was sind Krisen?

Produktfehler, Umweltverschmutzung, Boykotts, Finanzskandale, Wortbruch, Anklagen, Verhaftungen, Durchsuchungen, Bordell-Affären, Erpressungen, Entlassungen, Streiks, belastendes Material aus der Vergangenheit oder nur Gerüchte, all das kann aus einer Meldung eine negative Sensation und damit eine Krise mit größerem wirtschaftlichen Schaden und Reputationsverlust entstehen lassen. Mit der Folge, dass Aktien in die Tiefe stürzen, Manager nicht mehr ans Telefon gehen, Politiker ratlos sind, im Internet die Gerüchteküche brodelt und Arbeiter und Angestellte sich in Lethargie flüchten.

Krisen entstehen, wenn ein Nudelfabrikant faule Eier verarbeitet, wenn Tierschützer Versuchstiere befreien, wenn ein Computersystem ausfällt und ein Werk lahm gelegt wird, wenn ein Medikament die Patienten tötet, statt heilt, wenn ein Autotyp sich selbst entzündet, wenn eine Klinik Prothesen falsch einsortiert, wenn eine Chemieanlage brennt, wenn ein Wahlversprechen auf eine Lüge hinausläuft, wenn ein Moralist seine Ehefrau gegen eine Geliebte tauscht und dabei schmutzige Wäsche in den Zeitungen wäscht, wenn ein Geheimnisträger eine Plaudertasche ist, wenn Investmentbanker unkontrolliert handeln können, wenn eine Faltencreme Akne produziert oder wenn eine Behörde ihre Mitarbeiter mobbt.

Garantiert hatten Sie bei dieser Aufzählung Gesichter, Produkte, Marken, Politiker und Unfälle vor Ihrem geistigen Auge. Meist sind es Fernsehbilder, Schlagzeilen, Hörfunkworte oder gar Karikaturen, die Ihnen zum mulmigen Gefühl der Angst und Hilflosigkeit einfallen.

Gehen Sie mit mir den Krisen auf den Grund und packen Sie sich einen eigenen Krisennotfallkoffer für Ihr Unternehmen, oder Ihre Organisation, denn auch Sie haben eine Verpflichtung der Öffentlichkeit gegenüber.

Krisen sind zunächst Entwicklungen, die größeren wirtschaftlichen Schaden und Reputationsverlust verursachen. Das trifft für Unternehmen, Organisationen und Vereinigungen genauso zu, wie für Wirtschafts- und Gesellschaftssysteme.

Eine Krise ist ein determiniertes (Strukturkrise in der Wirtschaft, politische Strukturkrise ...) oder undeterminiertes Ereignis (Unfall, Katastrophe, Terroranschlag ...), das die regulären Geschäftstätigkeiten zeitweise, punktuell, phasenförmig oder latent-strukturell so beeinträchtigt, dass Menschen, Gesellschaft und Umwelt enorm zu Schaden kommen können und Sachwerte dabei vernichtet werden.

Krisen werden vor allem dann zu echten Krisen, wenn es in der Kommunikation nach außen kriselt, oder der Krisenverursacher sich so verhält, dass Medien ein Feindbild aufbauen können und dieses der Öffentlichkeit gegenüber stark polarisieren.

Krisen abzuwenden und zu begrenzen ist das primäre Ziel des Krisenmanagements

Hier kommt in erster Linie der Kommunikation in der Öffentlichkeit, mittels der Medien, eine große und vor allem wachsende Rolle zu.

Viele Beispiele aus der Vergangenheit und der Gegenwart zeigen die tragende Rolle der Kommunikation im Kontext zum Ereignis und der Zeit. Wir können aus allen Krisen lernen und die richtigen Schlüsse für die Zukunft ziehen.

Beispiele querbeet durch alle Branchen gibt es genug:

- 1983 die Stern-Krise mit Hitlers gefälschten Tagebüchern,
- 1985 Glykolwein-Skandal in Österreich,
- 1986 Methanolwein in Italien, 25 Menschen sterben,
- 1989 die Exxon Valdez-Katastrophe,
- 1993 der Höchst AG-Chemiestörfall,
- 1995 „Peanuts“ von Deutsche Bank Chef Kopper innerhalb der Schneider-Krise wird zur Bank-Krise,
- 1995 die Ölbohrinsel „Brent Spar“ von Shell gerät in die Schlagzeilen,
- 1997 der Elch-Test legt eine A-Klasse auf die Seite,
- 2000 die Dotcom-Krise, Spekulanten verlieren Ihre Vermögen, da reine, virtuelle Internet-Firmen wie Seifenblasen platzen,
- 2001 der Lipobay-Skandal der Pharma-Branche,
- 2003 Coppenrath & Wiese mit der „Todestorte“
- 2003 Reemtsma in der Krise,
- 2004 der VIOXX-Skandal – ein Schmerzmittel von Merck & Co, das tötet,
- 2004 versinkt Friedmann selbstgerecht in Koks und ukrainischen Nutten,
- ab 2005 die schleichende Krise von Guggenheim,

- 2005/2006 die Krise des Volkswagenkonzerns,
- 2006 machen Vogelgrippe und Gammelfleischskandal Schlagzeilen,
- 2006/2007 die Siemenskrise mit immer neuen Skandalen und Enthüllungen,
- 2007 wuchert die Journalisten-Krise durch undichte Stellen im BND-Ausschuss,
- 2007 die „Vattenfall-Krise,“
- 2008 wird als Partei-Krise von Ypsilanti und Beck in die Annalen eingehen,
- 2008 der italienische Weinskandal offenbart Salzsäure und Düngemittel in Weinen aus der Toskana,
- 2008 der Immobilienskandal in den USA weitet sich zur internationalen Bankenkrise aus, die auch deutsche Banken wie die Sachsen-LB in die Krise schleudert.

Das liest sich wie ein Horrorszenario. Dabei fehlen noch BND-Skandal, BSE-Krise und vieles mehr. Dafür sorgen junge Schlagzeilen für krisenhafte Stimmung: Die Bankenkrise erreichte Europa und Deutschland im Sturmschritt. Die Börsenkurse rutschen teilweise unter die der Buchwerte der Banken. In normalen Börsenzeiten kommen die Aktien der Finanzkonzerne auf das Doppelte, häufig sogar das Drei- oder Vierfache ihres Buchwerts. Die Investoren gehen offenbar davon aus, dass in Europa noch besonders viele Probleme in den Bilanzen versteckt werden.

„Wenn Josef Ackermann sagt, die Ertragsziele der Deutschen Bank seien vielleicht nicht zu erreichen, dann sagt er damit zwar die Wahrheit, weil Prognosen derzeit wirklich nicht möglich sind. Doch er schürt damit das Misstrauen der Anleger“, sagt Gottfried Heller, Chef der Fiduka-Vermögensverwaltung. Auch in der Branche selbst bleibt man skeptisch: „Die nächsten Quartale werden zeigen, dass wir bei den Abschreibungen jetzt erst die Spitze des Eisbergs sehen“, sagt ein Analyst einer Frankfurter Großbank.

Was steckt hinter dem Begriff „Krise“?

Das Wort „Krise“ stammt vom lateinischen „crisis“ ab. Seit dem 16. Jahrhundert ist das Wort Krise in Deutschland gebräuchlich, zunächst nur in medizinischen Zusammenhängen, zum Beispiel für fieberhafte Erkrankungen, die über einen längeren Zeitraum verliefen, was uns heute noch so manche Assoziation hervorruft.

Mit der Industrialisierung und der philosophischen Auseinandersetzung mit der industriellen Produktion in größeren Stückzahlen und steigendem Absatz wurde der Begriff allmählich in den Sprachgebrauch der Fabrikanten und Wirtschaftsgelehrten übernommen und zugleich gefürchtet.

Nach Prof. Dr. Ulrich Krystek an der TU Berlin sind Unternehmenskrisen:

> „... ungeplante und ungewollte Prozesse von begrenzter Dauer und Beeinflussbarkeit sowie mit ambivalentem Ausgang. Sie sind in der Lage, den Fortbestand der gesamten Unternehmung substanziell und nachhaltig zu gefährden oder sogar unmöglich zu machen. Dies geschieht durch die Beeinträchtigung bestimmter Ziele, deren Gefährdung oder sogar Nichterreichung gleichbedeutend ist mit einer nachhaltigen Existenzgefährdung oder Existenzvernichtung der Unternehmung ...“

Der Begriff Krise kann nicht von Begriffen mit scheinbar ähnlichem Inhalt abgegrenzt werden, da beispielsweise eine Instabilität, ein Konflikt, eine Störung oder eine Katastrophe entweder die Krise selbst auslösen oder bereits ein Teil der Krise sind.

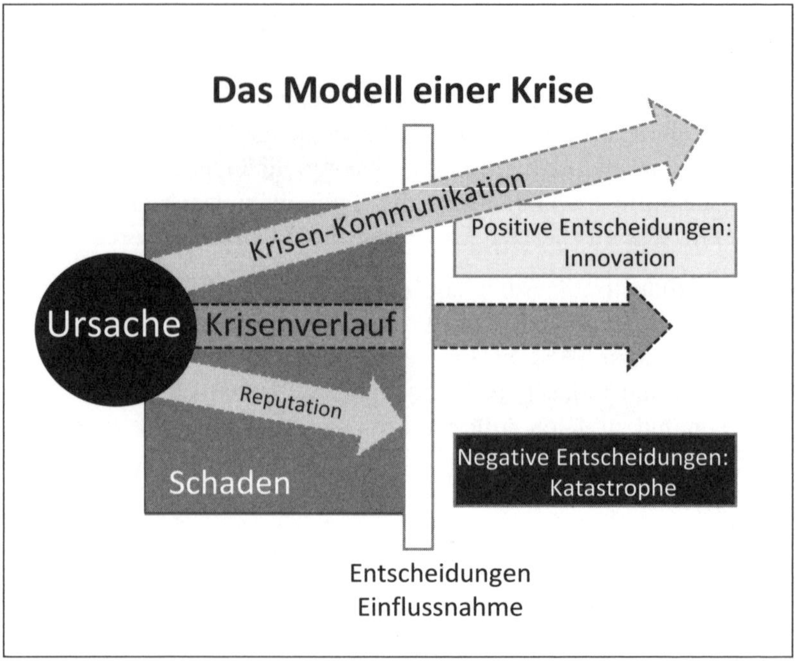

Abbildung 1: Verlauf einer Krise bei positiver Krisenkommunikation

Erinnern Sie sich beim Betrachten der Abbildung 1 an die A-Klasse und die Äußerung der Unternehmenskommunikation: „... ein Vorstand kann nicht ein Statement abgeben, nur weil irgendwo auf der Welt ein Auto umgefallen ist. Da müssten wir `zig Kommentare abgeben ..."

Das führte sofort in die Krise, in der der Stern auf unseren Straßen ein Stück Glanz verlor. Dann jedoch lief die Unternehmenskommunikation auf Hochtouren. Das Fahrstabilitätsprogramm ESP gab es fortan als Serienausstattung. Sicherlich erinnern Sie sich noch an die lustigen Elche in den Mercedes-Autohäusern und die sympathischen Anzeigen mit Boris Becker: „Stark ist, wer keine Fehler macht. Stärker, wer aus seinen Fehlern lernt." Das zweite Motiv warb ebenfalls mit dem Tennisprofi: „Ich habe aus meinen Rückschlägen oft mehr gelernt als aus meinen Erfolgen. Die A-Klasse ist wieder da.“ Innovation und Kommunikation haben die Krise überwunden, was sich in den Aktienentwicklungen deutlich zeigte.

„Eine Krise ist in ihrer Entstehung, ihrem Fortgang und den Folgen ungewiss“, äußerte sich Prof. Dr. Klaus Merten von der Uni Münster. Mertens Faktor der Ungewissheit hat etwas zu Recht Bedrohliches. Diese Umschreibung macht Sie zunächst etwas hilflos? Sofort schalten sich Ihre Erziehungsmuster ein: Schicksal, Vorsehung, Bestimmung, Zufall?

Krise – Zufall oder Bestimmung

Eines Tages stieß ich auf einen bemerkenswerten Gedanken, den der russisch-stämmige Lew Tarassow, in der Literatur als Henri Troyat bekannt, einmal beschrieb, um den Unterschied zwischen einem determinierten Ereignis (determinare [lat.]: *bestimmen*) und einem nicht determinierten Ereignis zu beschreiben.

Sie betätigen den Schalter einer Lampe und diese leuchtet auf. Das ist ein streng determiniertes Ereignis, da Sie wissen, was für eine zweite Handlung der ersten folgt. Schalter an – Licht an, Schalter aus – Licht aus.

Nun das Gegenteil: Sie werfen einen Würfel und der Würfel bleibt so liegen, dass die Zahl fünf oben sichtbar ist. In diesem Fall ist die fünf kein eindeutiges Ergebnis, denn Sie hätten ja auch eine drei oder eine andere Zahl zwischen eins und sechs würfeln können. Hier haben Sie es mit einem zufälligen Ereignis zu tun. Die einzige determinierte Größe in dem Zufallbeispiel ist die Tatsache, dass nach einem Würfelwurf eine Zahl oben steht. Welche Zahl das ist, ist Zufall.

Übertragen wir diesen Gedanken auf die Krise, so können wir daraus ableiten, dass im ersten Beispiel der Lampe klare Fehlhaltungen, in unserem Falle Kommunikations- und Informationsfehler, bestimmte Reaktionen hervorrufen.

Ich erinnere an ein Beispiel aus dem Klinik Skandal des Hedwig-Krankenhauses in Berlin aus dem Jahre 2007, bei dem es um falsch implantierte Kniegelenke ging: „ ... wir sind gezwungen, die Ursache für den Schaden zu benennen, da jetzt von den Herstellern versucht wird, ihre Fehler den Kliniken in die Schuhe zu schieben," so der O-Ton von Alexianer-Geschäftsführer Reinhard Nieper (Alexianer ist eine Brüdergemeinde, die weltweit über 40 soziale Einrichtungen betreibt).

Das wäre in unserem Beispiel das angeknipste Licht, weil jemand auf den Schalter gedrückt hat. Jener Schalterdrücker war der Geschäftsführer von Smith & Nephew in Deutschland: „Sämtliche Knieprothesen sind mit der korrekten Etikettierung an die Klinik ausgeliefert worden."

Statt eines Schuld- oder Teilschuldeingeständnisses erfolgt nur Abwehr und Schuldzuweisung an den Kunden. Etikettiert hat Smith & Nephew, aber in englischer Sprache, obwohl allein in Deutschland nur 15 Prozent der Mediziner des Englischen vollständig mächtig sind, so der Verein Deutsche Sprache. Und da sind wir beim Würfel. Wenn Sie beispielsweise in einem riesigen Sprachraum wie Deutschland und Österreich über Jahre so ignorant muttersprachenfremd etikettieren würden, wird es eines Tages zu Unfällen und damit zu einer Krise zwangsläufig kommen müssen. Die Wahrscheinlichkeit, eine Zahl zu würfeln ist hundertprozentig, d.h. dass es eine Verwechslung geben wird ist so sicher wie das Amen in der Kirche. Welche Zahl es sein wird, bleibt offen, denn die Zahl selbst ist das zufällige Ereignis, dass dann nur die Größe und das Ausmaß des Schadens und seiner Folgen offenbart.

Um so mehr rückt eine strukturierte Krisenkommunikation als Aufgabe für Sie in den Mittelpunkt. In einer Zeit, in der Nachrichten sich schnell über Plattformen wie das Internet, Handys und via Satellitenbilder verbreiten können, kommt zugleich die bange Frage auf, wie viel Zeit für echte Recherche zum Entwickeln einer Nachricht vorhanden sein wird.

Zeitdruck – mehr als nur Druck

Wir finden oft in den Zeitungen Gegendarstellungen, da die Arbeitsbelastung und der Zeitdruck in den Redaktionen durch die Informationsflut enorm angewachsen sind.

Hier kommt Ihre Pflicht ins Spiel, Kommunikation nach außen gut vorzubereiten und Botschaften, geschliffenen Edelsteinen gleich, zuzulassen. Ehrlichkeit, Aufrichtigkeit und Authentizität sind dabei die tragenden Säulen einer Kommunikation.

Tritt eine Krise ein, verändert das die Ausgangsposition für Ihr Unternehmen, Ihre Behörde oder Ihre Organisation. Die Reaktionen innerhalb der Krise entscheiden über die Fortführung des Status quo oder über die Veränderungen der Positionierung, nämlich katastrophal oder genial. Ein Faktor ist hierbei nicht nur die beispielsweise technische Lösung des Krisenverursachers, sondern auch und zum entscheidenden Maße Ihr aktives Kommunikationsverhalten.

Krisen aus strukturellen Krisen

Die internationale Autoindustrie befindet sich seit rund sechzehn Jahren in einer strukturellen Krise. Als Strukturkrise wird eine wirtschaftliche Situation bezeichnet, in der die Produktions- bzw.

Angebotskapazitäten die Nachfrage in erheblichen Größenordnungen übersteigen. Strukturkrisen können sich zu Weltwirtschaftskrisen auswachsen!

Knapp ein Viertel der weltweiten Kapazitäten sind nicht ausgelastet, das bedeutet in der Praxis, dass rund 20 Prozent weniger Autos verkauft werden gegenüber den vorhandenen Kapazitäten. Der Autoabsatz steigt zwar weltweit durch die Motorisierung vor allem in den Ländern China, Indien Russland und den früheren Ostblockstaaten, jedoch werden weit mehr neue Kapazitäten geschaffen, so dass die Kluft zwischen Produktionskapazitäten und realem Absatz auf dem Vormarsch ist. Diese neuen Kapazitäten werden vor allem auf dem chinesischen Markt, in Osteuropa und durch den schwachen Dollar auch in den USA entstehen. Fast alle deutschen Marken produzieren inzwischen in diesen Ländern. Dadurch ist bereits heute abzusehen, dass die strukturelle Branchen-Krise sich noch enorm verschärfen wird.

Das, was wir Nokia vorwerfen, diesen „Karawanen-Kapitalismus", praktiziert die Automobilbranche schon seit geraumer Zeit. Die Krise des Volkswagen-Konzerns 2005/2006 ist nur ein Puzzlestück innerhalb des Krisenszenarios der Branche. Die drohende Schließung des Opelwerkes Bochum im Oktober 2004 war das Gesicht der GM-Krise, die die Fratze der Strukturkrise der Automobilbranche weltweit zeigte. Fehler im Management spielen dabei eine verschärfende Rolle und machen deutlich, wie Fehlentscheidungen und die ausbleibende Kommunikation zu diesen Themen sich zu krisenverschärfenden Faktoren auswachsen. Vergleichbares war bei der Daimler AG festzustellen, als diese sich von Chrysler trennte. Vorangegangen war die Scheidung von Mitsubishi. Auch bei VW ist der Hintergrund für Personalquerelen, Korruption, Seat-Schwierigkeiten die weltweite Überproduktion von Automobilen.

Die Ölkrise, die Preistreiberei und die fehlenden Alternativen in der Antriebstechnologie werden die Strukturkrise der Automobilbranche in den nächsten Jahren verstärken. Die dreistufige Ökosteuer hierzulande, die Kriminalisierung der Autofahrer und die Zonenbildung in den Städten sind die allmählich sichtbaren Krisenbeschleuniger.

Strukturelle Krisen, die Politik und Wirtschaft erfassen, ziehen zwangsläufig Unternehmen und Marken in Krisen hinein. Das bedeutet im Vorfeld, Kommunikationsstrategien vorzubereiten und die Öffentlichkeit regelmäßig zu informieren

Strukturelle Krisen ziehen andere Krisen nach sich. Meist folgt die strategische Krise, in der der Erfolg des Unternehmens gefährdet ist. Das führt zu massiven Abweichungen der Ist- von den Soll-Zuständen bezüglich der Zielvorgaben zum Unternehmungserfolg, und geht meist einher mit einer Personalkrise mit Massenentlassungen, Werksschließung und Umstrukturierungen. Im schlimmsten Szenario entsteht eine Liquiditätskrise eines Unternehmens oder einer Organisation (Spendengelder bleiben beispielsweise aus) mit einer steigenden Gefahr der Insolvenz.

Worte schaffen Wirklichkeiten

Voraussetzung für das Meistern einer Krise ist aus Kommunikationssicht zunächst der Wille und die Einsicht, Kommunikation aktiv zu betreiben. Ziel dabei ist nach der ersten schlechten Nachricht, dass es Ihnen als Strategen gelingt, das Vertrauen wiederherzustellen und weiteren Schaden von der Marke, dem Produkt oder der Unternehmung abzuwenden.

Die Unterteilung einer Krise in die Phasen ROT, GELB und GRÜN hilft der Kommunikation und den gesamten Verhaltensweisen sich auf den Grad der Gefahr einzustellen.

Kommunikation ist sensibel. In Krisen ist diese hochsensibel. Je nach Stufe, Umstand, Außenwirkungen und medialem Echo müssen die Prioritäten gesetzt werden: Positionierung (Wo steht das Unternehmen?), die Intervention (Was ist als Nächstes zu tun?) und die Information (Was kann aufklären und Schaden vermindern?)

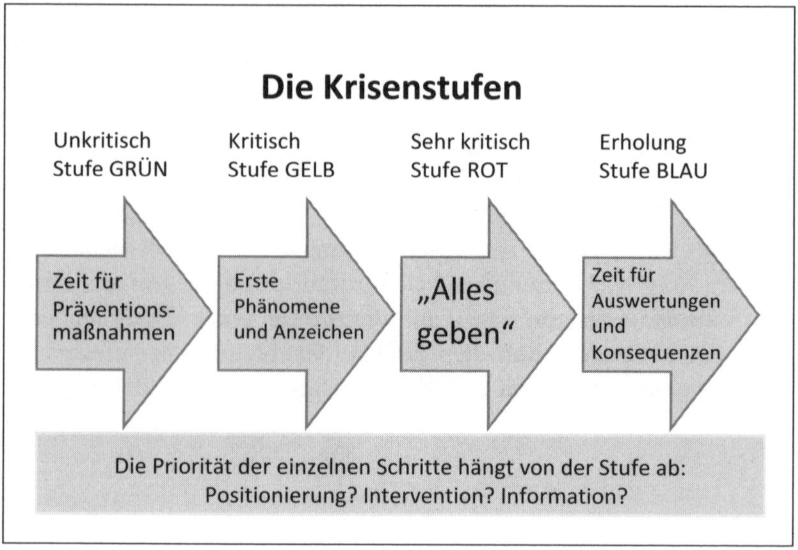

Abbildung 2: Krisenstufen

Wahrhaftigkeit ist dabei eine nicht zu unterschätzende Disziplin, denn die andere Seite der Medienwelt ist an der Wahrheit, an Schlagzeilen und an Sensationen interessiert und wird diese schonungslos einbringen. Das ergibt oft einen Balanceakt zwischen Medien und Kommunikatoren, da nicht immer Interessengleichheit besteht. Das Beispiel der Brent Spar hat gezeigt, dass Interessenkonflikte nicht nur mit den Medien Krisen auslösen, sondern auch Gegenspieler wie Greenpeace die Situation enorm verschärfen können.

Was also wichtig für Sie ist, ist neben den Vorbildern, Feind – und Stimmungsbildern vor allem der Zeitpunkt. Ein rechtzeitiges Agieren erspart oft unglaubwürdige Nachbesserungen oder Wahrheiten, die scheibchenweise nach der Salamitaktik serviert werden. Diese werden oft zu bösen Überraschungen, die die Krise verschärfen oder zum Dauerbrenner werden lassen, wie im Falle Siemens oder UNICEF.

Krisenkommunikatoren nehmen Krisen als Ursache-Wirkungs-Verkettung wahr. Die Medien hingegen fokussieren den Blickwinkel auf Opfer und Täter. Dadurch entsteht eine Differenz zwischen den durch Krisenexperten definierten Risikoproblemen und der Risikosicht der Öffentlichkeit, die sich teilt in Betroffene und in Zuschauer.

Krisenkommunikation ist dabei als Dialog zu sehen, der beide Sichtweisen miteinander verbindet.

- *Damit steht Ihr Krisennotfallkoffer bereit und ab dem zweiten Kapitel wird er gepackt.*

Kapitel 2: Prävention – die Kommunikationsübung für den Ernstfall

„Licht wird alles was ich fasse, Flamme alles, was ich lasse.“

Friedrich Nietzsche, Philosoph, Dichter und Philologe

Vorbeugen durch Übung

Der Pianist greift in die Tasten. Seine Hände spiegeln sich im schwarzen Lack des Flügels. Das Publikum lauscht andächtig und erwartungsvoll. Der Pianist hat ein wenig Lampenfieber, aber die schweren Läufe der „Revolutions-Etüde“ von Frédéric Chopin lassen die Finger sicher über die Tasten fegen. Der richtige Anschlag, die Intonation, der nach innen gelenkte Blick des Pianisten – alles stimmt, alles ist perfekt, alles ist sicher, denn er hat geübt, perfektioniert, trainiert. Er ist sehr gut vorbereitet und er weiß genau, was zu tun ist. Das Publikum fühlt mit ihm, verschmilzt mit seiner Interpretation, ist ein Teil der Musik, der Zeit, des Genusses.

Der Auftritt selbst ist ein Meisterwerk, da der Pianist dafür in zahlreichen Stunden trainiert hat. Unzählige Male hat er das Stück durchgespielt. Die Noten sind sein Fahrplan. Er kennt sie auswendig und sieht sie vor seinem geistigen Auge.

Untersuchen Sie einmal im Vorfeld, wie gut Sie auf ein Ereignis wie zum Beispiel einen Brand eines Lagers, ein Produktversagen, eine Pandemie-Epidemie, eine Umweltschutzverletzung vorbereitet sind und was Sie eventuell noch an Handlungsbedarf haben. Wenn es eine Möglichkeit gibt, sich auf ein Ereignis vorzubereiten, dann sollten Sie das tun. Bevor das Kind in den Brunnen gefallen ist, gibt es genügend Handlungsbedarf.

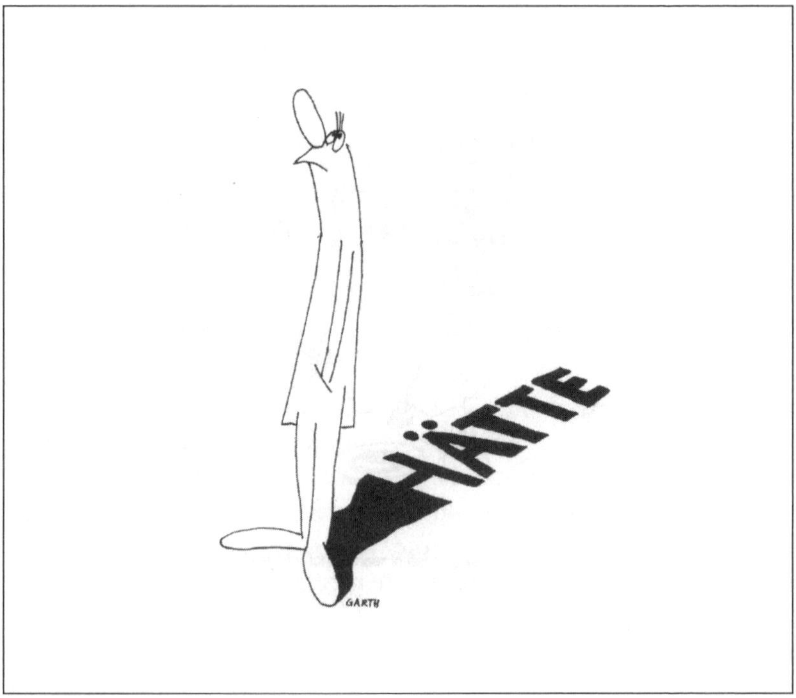

Abbildung 3: Karikatur: Herr „Hätte"?

Damit Ihnen das „hätte" nicht auf die Füße fällt, ist Krisenprävention eine Entscheidung für aktives Handeln vor dem Ereignis.

Ihre Stärke in der Krise ist Ihr Fleiß vor der Krise. Die Vorbereitung auf eine mögliche Medienauseinandersetzung in schwierigen Zeiten ist die „halbe Miete."

Folgende Fragen stellen sich:

- Woran erkenne ich eine sich abzeichnende Krise?
- Wie kann ich einer Krise vorbeugen?
- Was kann und was muss ich vorbereiten?
- Wer liefert und beschafft mir welche Informationen?
- Wie kann der Schaden von der Marke oder dem Unternehmen abgewendet werden?
- Ist der Schaden einer akuten Krise zu begrenzen?
- Wer hat mit mir den Hut auf in puncto Kommunikation nach innen und außen?
- Wie und wer lernt daraus?
- Wie kann ich ein Reputations-Niveau wiederherstellen?
- Gibt es psychologische Erkenntnisse, die auf das Markenverhalten und den Markt einwirken?
- Welche Rolle werden die Medien spielen und inwieweit kann ich das Geschehen beeinflussen oder gar steuern?
- Ist es sinnvoll, einen Krisenbeauftragten im Unternehmen zu haben, der alle Vorbereitungen trifft für den Fall einer möglichen Krise?
- Inwieweit wäre ich der Richtige für das Krisenmanagement? Trage ich diese Verantwortung mit Stolz?
- Wie denken meine Mitarbeiter, Vorgesetzte und Verantwortliche über mögliche Krisen und die Aufgaben eines Krisenmanagements?

Diese Fragen sind die Fragen nach eventuellen Krisendimensionen. Was könnte an Aufgaben auf Sie zukommen und wie könnten die Folgen aussehen. Um sich auf mögliche Szenarien vorzubereiten, empfehle ich einige Präventionsmaßnahmen.

Krisentraining als erste Maßnahme

Ich rate meinen Klienten immer zur Prophylaxe. Das ist wie beim Zahnarzt oder der Krebs-Vorsorge-Untersuchung. Niemand kann mit Sicherheit behaupten, Krebs betreffe ihn nicht. Dieser Kelch gehe an ihm vorüber. Genau so verhält sich das mit einer Krise. Niemand kann eine Krise mit hundertprozentiger Sicherheit vorhersagen oder davon ausgehen, dass es sein Unternehmen nicht treffen kann. Es ist wichtig, dass gerade Sie für diesen Fall gewappnet sind, damit Sie die Krise meistern, agieren und fähig sind, steuernd einzugreifen.

Prävention bedeutet, alles einmal durchzuspielen

Auf einem Krisen-Kommunikations-Seminar nahm mich in der Pause ein Teilnehmer, Geschäftsführer einer bedeutenden deutschen Firma beiseite und flüsterte: „Ich bin nicht so engagiert wie die anderen Teilnehmer, denn ich glaube nicht so richtig daran, dass man sich auf eine Krise vorbereiten kann. Eine Krise kommt, Peng, ist sie da und dann habe ich keine Zeit, die Seminarunterlagen herauszukramen, um zu sehen, was ich eventuell als Erstes mache. Was für eine Krise das ist, kann doch auch niemand wissen. Morgen drehen die Araber den Ölhahn zu, übermorgen muss ich 3000 Leute entlassen, nächste Woche steht in der Zeitung, dass einige Außendienstler die Großhändler schmieren. Jede noch so verrückt klingende Krise könnte mich treffen."

„Genau so könnte es sein", erwiderte ich. „Stellen Sie sich vor, Sie haben einen Brand im oberen Stockwerk Ihres Hauses", redete ich weiter, „und es rückt eine Feuerwehr an, die noch nie eine Brandübung gemacht. Niemand weiß so richtig, wie man einen Druckschlauch verlängert, wie die Leitern ausgefahren werden, wie man einen solchen Unfallort absichert und was zu tun ist, um die Rettungsaktion der im Haus verbliebenen Menschen zum Erfolg führen zu können.

Glauben Sie mir, die Feuerwehrleute üben die Einsätze ohne zu wissen, wann es brennt, was überhaupt brennt, ob es explosiv ist und wie hoch das Gefahrenpotenzial sein könnte, sein eigenes Leben zu verlieren.

Es wird so lange geübt, bis jeder einzelne Feuerwehrmann nicht mehr in seine Seminarunterlagen blicken muss. Blind setzt der Feuerwehrmann die Anschlussschellen des Löschschlauches zusammen. Selbst wenn sie ihn mitten in der Nacht in völliger Dunkelheit wecken und ihm die beiden Enden in die Hände drücken würden – er verbindet Ihnen die beiden Schlauchenden perfekt.

Mit diesem Bild stellen Sie sich Krisenprävention vor, den simulierten Fall. Und Sie sehen ja selbst in diesem Krisentraining, was man beispielsweise alles in einem Interview üben muss. Welche Prioritäten stehen auf der Agenda? Wie gehen Sie mit Informationen um und wie schwer ist es, in einem Unternehmen mit einer Stimme zu sprechen? Sie haben in dem Fall der Laborexplosion nur von den materiellen Schäden berichtet, ohne ein einziges Mal über die Menschen zu sprechen, die zu Schaden gekommen sind und deren Angehörige sich in großer Sorge befinden. Erst auf meine Nachfrage hin haben Sie sich zu den Verletzungen Ihrer Mitarbeiter geäußert."

> Eine Übung hat immer den Effekt, dass Sie an den Stellschrauben der Kommunikation arbeiten können, um zu lernen, sich vorzubereiten und letztendlich besser zu werden.
>
> Vorbereitet sein heißt für Sie, selbst zu lenken, zu leiten und die Umstände oder die Gunst der Stunde zu nutzen.

Vorbeugen ist besser, als später nur Scherben zusammenzukehren

Je stärker Ihr Unternehmen bzw. Ihre Institution im Licht der Öffentlichkeit steht und je größer das Risiko einer Krise ist, desto intensiver sollten Sie auf den Krisenfall vorbereitet sein.

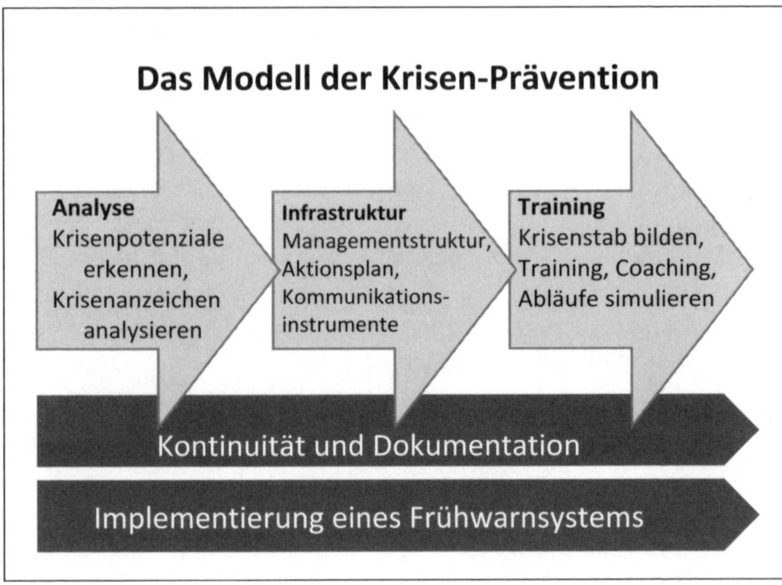

Abbildung 4: Drei Hauptaufgaben der Krisenprävention

In der größten Rückrufaktion der Firmengeschichte von Daimler im Jahre 2004 musste Mercedes 680.000 Fahrzeuge der E-Klasse wegen Problemen mit der elektrohydraulischen Bremse SBC in die Werkstatt zurückordern. Das Kommunikationsfeld mit der großen Gruppe der Taxifahrer ist im Vorfeld jedoch nicht genügend beleuchtet worden. Die Taxifahrer, die von früh bis spät Mercedes fahren, denen sich Fahrgäste anvertrauen, fühlten sich als Versuchs- bzw. Testfahrer missbraucht. Ängste, Vorbehalte und Informationsdefizite herrschten noch lange vor. Die Folgen können Sie sich denken. Protest, Abwehr und Wechsel zu BMW, Volvo etc. Die Medien vertreten in einem solchen Fall die Opfer. Das Qualitätsmanagement wurde in Frage gestellt, die Taxiinnungen kamen zu Wort und unsinnige, unausgereifte Innovationen, die Autos nur verteuern, gerieten in die öffentliche Diskussion. Dieser Schaden hätte über eine Informationskampagne im Vorfeld gering gehalten werden können.

Damit Sie in heißen Krisen einen kühlen Kopf bewahren

Das vorangegangene Beispiel zeigt die Wichtigkeit einer Vorbereitung, wenn Sie neue, innovative Produkte am Markt einführen, wenn Sie neue Wirkstoffe testen, wenn Sie Sicherheitstechnik überprüfen, wenn Sie Neider unter der Konkurrenz haben, bei Lieferungen in andere Länder und Kontinente, wenn Sie Ihren Managern nicht trauen können, wenn Preisabsprachen gelaufen sind, wenn Stiftung Warentest Ihre Produkte durch die Mangel dreht, wenn eine Umweltorganisation Sie als Feindbild hat, wenn Ihr Parteifreund gelogen hat und dann eine Katastrophe nur eine Delle nennt, wenn inoffizielle Papiere verschwunden sind, etc.

Produktfehler, Rückrufaktionen, Unfälle, Rohstoffverknappung, Recyclingprobleme, Korruption etc. könnten Ihre derzeit gesunden Unternehmen oder Organisationen zur Notoperation im Kliniksaal der Öffentlichkeit werden lassen. Eine präzise Vorbereitung auf Eventualitäten, der Entwurf möglicher Krisenprogramme und der daraus folgenden Prozesse sollte frühzeitig definiert werden.

Klären Sie persönliche Aufgaben, Kompetenzen und Zuständigkeiten im Vorfeld. Überlegen Sie schon heute, wer für einen Krisenstab und für Krisentrainings geeignet ist und welche unterschiedlichen Fähigkeiten von den jeweiligen Mitarbeitern eingebracht werden könnten und sollten. Wer könnten die Männer der Nerven und der Worte sein? Wer bedient das rote Telefon? Sind Sie vorbereitet?

Integrierte Kommunikationsstruktur

Danach stellen sich Strukturfragen für Sie. Für die interne sowie externe Kommunikation müssen Sie eine Struktur schaffen. Eines der Zauberworte heißt integrierte Unternehmenskommunikation (Corporate Communication). Integrierte Unternehmenskommunikation ist ein Teil einer Gesamtstrategie für interne und externe Kommunikation. Um ein einheitliches Auftreten herzustellen, bedarf es vier entscheidender Faktoren:

- Design
- Werte
- Verhalten
- Kommunikation

Dabei läuft die Etablierung Ihres Unternehmens von innen (Corporate Community) nach außen, einem Corporate Image und Design, das alle Kommunikationswege zusammenfasst und in eine strenge Disziplinarstruktur fügt. Alle Mitarbeiter sprechen mit einer Stimme, alle fühlen sich dem Unternehmen verpflichtet, alle Informationsmaterialien haben die gleichen Design-Elemente und damit einen hohen Wiedererkennungswert.

Diese Struktur muss in alle Kriseninstrumentarien einfließen, zum Beispiel die Vorbereitung von Schriftstücken und Presseerklärungen, die zunächst die allgemeinen Formulierungen, Informationen zu technischen Prozessen und zu Sicherheitsfragen für den Krisenfall vorgeben.

Handlungen und Kommunikationsformen sowie Inhalte:

- Wortinhalte,
- Begrifflichkeiten,
- Formulierungen,
- Regeln,
- Prozessdarstellungen

können vorbereitet und nicht erst unter enormem Zeitdruck abgestimmt werden.

„Damit die Rechte weiß, was die Linke sagt – Wir sprechen mit einer Stimme."

Legen Sie Evaluationskriterien für Anfragen und Hinweise fest. Das offensive Qualitätsmanagement kann die Standards, die in Krisenzeiten eingesetzt werden, bereits jetzt ausarbeiten. Die Auseinandersetzung mit Umweltanliegen und deren Aspekte unter der Überlegung möglicher Krisen (angelsächsisch Issue-Management) und deren Folgen, wenn eine Innovation sich als fehlerhaft oder ein Medikament sich als Placebo herausstellt, sollten in Worte gegossen werden. Und zu guter Letzt sind Testläufe, Übungen und Trainings wichtig. Sie halten das Bewusstsein frisch. Die bekannte

Probe, wie in der Mathematik, ist sehr hilfreich, bevor die Aufgabe ein anderes, abweichendes Ergebnis vorweist und es bereits zu spät ist.

Agieren statt reagieren schreiben Sie sich auf Ihre Fahne der Krisenprävention. Graben Sie einen Brunnen nicht erst, wenn Sie Durst verspüren und schauen Sie nicht erst nach der Tankstelle, wenn die Warnleuchte blinkt.

In einer Krise wird Stress produziert. Alle, die damit zu tun haben, sind nervös, verfallen in Hektik und setzen sich und andere unter Druck. In einem Krisentraining sagte mir einmal eingangs ein Manager, der für seine gute Entscheidungskraft bekannt war, dass er gerade in solchen Situationen eine Beeinträchtigung seiner Wahrnehmung und seines konzentrierten Denkens bemerkt hat. Nach dem Training begann die Chemiefirma mit intensiver Krisenprävention. Heute, nach einem Tanklasterunglück, sagte mir der Manager, dass er aufgrund der Vorbereitungen souveräner, schneller und präziser handeln konnte, so dass das Tanklasterunglück ein Unglück blieb und nicht zur Krise für Gefahrenguttransporte auf der Straße auswuchs.

Um agieren zu können, habe ich Ihnen zwölf Agil-Punkte zusammengetragen, damit den Worten Taten folgen können. Friedrich Nietzsche sagte „Worte sind Taten" und meinte aber nicht damit, dass Worte Taten ersetzen. Dass Worte Zauber werden, nach Sigmund Freud, ist dann Ihr agiler Part, Geschehnisse im Vorfeld aktiv zu gestalten und mutig vorzubereiten. Das ist Ihr eigenes Programm, nicht um Krisen zu verhindern, sondern um darauf vorbereitet zu sein.

Die zwölf Agil-Punkte zur Vorbereitung:

Checklistenhaft habe ich für Sie die relevanten Themen zur Vorbereitung als Fragen formuliert, deren Beantwortung nun Ihnen obliegt. Hier können Sie den Soll-Zustand mit dem Ist-Zustand in Ihrem Job abgleichen.

1. Wurden im Vorfeld mögliche Krisensituationen und Krisenszenarien dokumentiert, analysiert und mögliche Risiken je nach Branche besonders bewertet (beispielsweise Sicherheit in den Produktionsanlagen, Computersimulationsersatz für Tierversuche, Mängel in der Qualitätskontrolle, Einhaltung von gesetzlichen Vorschriften für Arbeitsschutz und Umwelt)?
2. Existiert ein Krisenplan?
3. Ist die Krisenkommunikation im Hause schon einmal grundlegend untersucht worden? Existiert eine Telefon- und Mail-Liste aller wichtigen Ansprechpartner im Krisenfall?
4. Steht für den Krisenfall ein Krisenteam zur Verfügung?
5. Wurden Rollen für Handlungsträger, Entscheider und Experten festgelegt?
6. Welche Themen stehen im Fokus der Beobachtungen (Einflüsse der Politik, neue Gesetzgebungen; Marken-Trends; Verbraucherinitiativen; Untersuchungen von Umweltverbänden und Konkurrenzverhalten)?
7. Wurde der Umgang mit Medienanfragen im Unternehmen, in der Behörde gezielt trainiert?
8. Sind Festlegungen für Kommunikationsparameter innerhalb des Unternehmens oder der Organisation getroffen worden?
9. Stehen aktuelle Daten jederzeit zur Verfügung? Lassen sich diese sofort in die neuen Kommunikationswege wie Mail, Internet und PowerPoint einbinden?

10. Gibt es einen Raum, der in Kürze zur Krisenstab-Lokalität mit ausgezeichneter Kommunikationsinfrastruktur umgerüstet werden kann: Telefone, Fax, Zugang zu Intranet und Internet und Mail. Kann diese Lokalität als Schalt- und Schnittstelle zur Unternehmensleitung, zur Presseabteilung, den innerbetrieblichen Sicherheitskräften, den Betriebsärzten und der Werksfeuerwehr dienen?
11. Ist ein Nebenraum als Medienecke für Interviews und Kamerahintergrund vorhanden, der auch schnell den Medienkontakt vom Krisenteam fernhalten kann?
12. Ist das Internet so aktualisiert, dass darüber auch sehr schnell eine zusätzliche Informationsplattform für Mitarbeiter und Presse eingerichtet werden kann?

Pressetexte

Bevor eine Krise entsteht, können Sie schon die Kommunikationsmechanismen festlegen. Sie können Formulierungen gestalten und sich in der kommunikativen Auseinandersetzung mit den Medien üben. Wie sehen Texte aus? Was für Gliederungen weisen sie auf und was muss an Fakten hinein. Nichts ist besser, als an einem Beispiel zu lernen. Ich stelle Ihnen einen Pressetext vor, der ganz sicher darauf schließen lässt, dass dieses Unternehmen eine erstklassige Krisenprävention besitzt und über ein ausgezeichnetes Kommunikationssystem und Krisenmanagement, verfügt. Die Rede ist von Porsche:

Montag, 25. Februar 2008, 10:57
Gasexplosion im Porsche-Werk Zuffenhausen

„Stuttgart: In der Lackiererei der Dr. Ing. h.c. F. Porsche AG, Stuttgart, im Stammwerk in Zuffenhausen hat sich heute Morgen gegen fünf Uhr eine Gasexplosion ereignet. Nach ersten Ermittlungen war an einem PVC-Gelierofen, mit dem Lacke getrocknet werden, Gas ausgetreten. Die Höhe des Sachschadens kann im Moment noch nicht beziffert werden. Da die Sprinkleranlage ausgelöst wurde, standen neben der Lackiererei auch Teile der Produktion unter Wasser. Polizei und Feuerwehr sowie die Porsche-Werkssicherheit waren sofort am Unfallort. Zwei Mitarbeiter wurden mit leichten Verletzungen ins Krankenhaus eingeliefert, konnten zwischenzeitlich aber bereits wieder entlassen werden.

Porsche bildete umgehend einen Krisenstab, der von Produktionsvorstand Michael Macht sowie dem Betriebsratsvorsitzenden Uwe Hück geleitet wird. Beide verschafften sich kurze Zeit nach dem Unfall vor Ort einen ersten Eindruck von den Schäden. In einer umgehend einberufenen Betriebsversammlung informierte der Krisenstab die Mitarbeiter der Frühschicht über den Unfall. Auch der Vorstandsvorsitzende, Dr. Wendelin Wiedeking, war zu jeder Zeit über den Stand der Ermittlungen informiert. Nach vorläufigen Erkenntnissen wird die Fertigung der Baureihe 911 für mindestens zwei bis drei Tage stillstehen. Die tägliche Produktionskapazität liegt aktuell bei 160 Einheiten. Da der Rohbau, die Sattlerei und das Motorenwerk in Zuffenhausen nicht in Mitleidenschaft gezogen wurden, kann die Produktion des Cayenne im Werk Leipzig sowie der Modelle der Boxster-Baureihe beim finnischen Partner Valmet planmäßig fortgeführt werden.“

Denken Sie daran, nach der Krise kann vor der Krise sein, denn die nächste kritische Situation kommt bestimmt. Wenigstens darauf ist Verlass. Wir leben schließlich in der Zeit der Globalisierung, in der im Kleinen überreguliert wird, da man die globalen Zeitgeschehen nicht mehr richtig im Griff hat und den Ereignissen hinterherläuft.

Krisen-Prävention kann Krisen nicht verhindern, aber sie kann Schaden begrenzen. Vorbereitet zu sein für Krisenkommunikatoren bedeutet, einen Ernstfall zu proben, um zu wissen wer wie in und mit der Öffentlichkeit kommuniziert.

- *Krisen-Prävention ist eine Vorbeugefibel. Diese legen wir griffbereit in den Krisennotfallkoffer.*

Kapitel 3: Umgang mit Journalisten – Kundenpflege zu jeder Zeit

„Ich würde es mir dringend wünschen, dass es unter denen, die die Medien machen, eine Art Verschwörung gäbe, menschlich ermutigend zu sein.“

Richard von Weizsäcker, sechster Bundespräsident

Journalisten sind Ihre Kunden

Im Umgang mit Journalisten und Medien ist es zunächst sinnvoll, deren Arbeitsweise, Anliegen und Motivationen kennenzulernen. Vor allem sollten Sie auch wissen, unter welchem Zeitdruck gearbeitet werden muss, da in den Redaktionen der Personalrotstift gewaltig gestrichen und gewütet hat.

Hinzu kommt, dass der Nachrichtenmarkt schnelllebig und unerbittlich ist. Je nach Ausrichtung eines Mediums werden die Nachrichten gestaltet. Die Boulevardpresse giert nach Schlagzeilen und eine eher „gemäßigte“ Redaktion stellt Fakten gegeneinander. Alle haben etwas gemeinsam: Das öffentliche Interesse an Aufklärung ist riesig. Die einen hätten gern den Skandal und die anderen die Hintergründe beleuchtet, die Licht in die Sache bringen. Jeder am Markt kämpft um seine Daseinsberechtigung und um seine Präsenz am Himmel der Informationsgesellschaft. Dabei spielen zeitliche Aspekte oft eine immer bedeutendere Rolle.

Das, was wir im Frühstücksfernsehen sehen, kann die Zeitung zum Altpapier werden lassen und das Internet als schnellste Möglichkeit der Nachrichtenübermittlung hat vielleicht schon Informationen, die bei Drucklegung einer Tageszeitung oder beim Erstellen einer Sendung noch nicht vorgelegen haben.

Wichtig ist auch zu wissen, dass die Negativberichterstattung um das Fünffache stärker ist als entlastende Sachinhalte. Deshalb ist gerade eine gezielte und aufklärende Krisenkommunikation notwendig, da sie die Gewichtung zwischen positiv und negativ verändern kann.

Um die „Denke" und den Alltag der „Journis" kennenzulernen und sich einfühlen zu können, wie der Zeitdruck und die Informationsverarbeitung aussehen könnten, lade ich Sie jetzt zu einem fiktiven Schlüssellocherlebnis ein. Als Folge der deutschen Medienkrise wurden seit 2001 Redaktionen zusammengelegt, Ressorts geschlossen und ausgelagert. Redakteure kümmern sich seitdem verstärkt selbst um das Redaktionsmanagement und vergeben mehr Aufträge an freie Journalisten und Agenturen. Die Kommunikationswissenschaft weist darauf hin, dass unter diesen Entwicklungen die Qualität der Medienprodukte abnehmen könnte, was sich auch auf die Krisenberichterstattung auswirkt.

Wir heften uns zu diesem Zweck einem der Journalisten an die Hacken, der eine Abendsendung vorzubereiten hat. Es ist Julius, einer der investigativen Redakteure, die sich durch allseitige Recherche auszeichnen.

Hinter den Kulissen

Zwei aufgebrachte Männer in Arbeitskleidung werfen ein Handy auf den Steinboden. Das Gehäuse birst und die elektronischen Bauteile verteilen sich auf den von nassem Wetter spiegelglatten Pflastersteinen. Sie trampeln wild gestikulierend auf dem Mobiltelefon und was davon noch übrig ist herum, bis es in Tausend Stücke zerspringt. Die Umstehenden jubeln und feuern das Zerstörungswerk an. Die Aufnahmen hat der Kameramann aus dem Redaktionsteam von Julius vor dem Verwaltungsgebäude im Bochumer Nokia-Werk gefilmt. „Im Kasten", sagt er anerkennend zu sich selbst. „Die Nahaufnahme, wie unter einem Fußtritt der aufgedruckte Schriftzug „Nokia" zerplatzt, ist eine starke Emotion, die den Bruch der Marke symbolisiert", stellt Julius erleichtert fest, als der Cutter ihm das bereits geschnittene Material zeigt. Die Sequenzen aus dem Nokia-Werbefilm, jeweils 10 Sekunden dazwischen geschnitten, zeigen Menschen bei der Arbeit, beim Denken, beim Telefonieren.

Das Interview konzentriert sich auf einen der betroffenen Arbeiter, der im letzten Jahr ein Einfamilienhaus für seine Familie am Stadtrand von Bochum gebaut hat und nun voller Sorge über die Belastungen für seine Familie unter Tränen spricht. Die zukünftige Arbeitslosigkeit ist als Angst und Ratlosigkeit in seinem Gesicht zu lesen. Julius geht mit dem Cutter noch einmal die einzelnen Szenen durch. Die Passagen sind zu lang. Kürzer, knackiger ist seine Forderung. „Wir haben 90 Sekunden Zeit für die Szene mit dem von der Arbeitslosigkeit bedrohten Arbeiter", sagt er und deutet auf die große Studiostoppuhr. In der nachfolgenden Aufnahme beklagt sich eine entrüstete Arbeiterin, dass sie von der Stilllegung des Werkes erst aus dem Radio erfahren hat, obwohl sie schon langjährige Nokia-Mitarbeiterin ist. Zwischendurch zeigt der Beitrag den Boykottaufruf im Internet. Die Aufnahmen und Interviews vor den Werkstoren transportieren die Ohnmacht und die Wut angesichts des Schweigens der Nokia-Lenker. Apropos Lenker, noch immer ist kein Telefoninterviewtermin mit Olli Pekka Kallasvuo zustande gekommen. Kein Kommentar, kein verwertbares Wort. „Die Finnen blockieren Informationen“, sagt die Assistentin, „aber ich bleibe dran.“

Die Statements des nordrhein-westfälischen Ministerpräsidenten Jürgen Rüttgers (CDU), in denen er Nokia eine „Subventionsheuschrecke“ nennt und des Finanzministers, Peer Steinbrück (SPD), der dem Nokia-Chef Karawanen-Kapitalismus vorwirft, sind starke Auftritte in Wort und Bild, aber das Gegengewicht fehlt. Das Bild des Schuldigen darf er seinen Zuschauern nicht vorenthalten. Das weiß Julius, deshalb hat er einen Assistenten zur Recherche über Kallasvuo angesetzt. „Ich brauche ihn beim Golf oder Segeln, oder Mercedesracing, was auch immer diese verdammten Finnen in ihrer Freizeit treiben. Ein golfspielender Chef macht sich gut, wenn seine Arbeiter streiken. Noch besser ist eine Jagdszene. Der Vorstand erlegt gerade einen Elch. Oder bricht ihn gar auf.“ Der Elch ist dann das semantische Opfertier für 2 300 Bochumer Nokia-Arbeiter. Abgeschossen, ausgeschlachtet.

Eine Mitarbeiterin des Senders bringt Julius einen Packen Papier: „Hier Kallasvuos Biografie, bereits mit gelbem Marker sondiert, was wichtig ist.“ Julius hetzt über das Papier. Nokia war Gummistiefelproduzent für die Sowjetunion als Olli Pekka Kallasvuo im Unternehmen begann. Bei Zahlenmenschen gibt es wenig Raum für menschliche Aspekte. „Mach mir einen kurzen Teleprompertext daraus und wenn es kein Telefoninterview heute gibt, dann nehmt das fiese Foto von Seite 4 der dpa-Meldung und vergesst nicht das Bußgeld in Höhe von 30.000 Euro vom Finnischen Zoll für seine Privateinkäufe außerhalb der EU.“ Was für ein Job, denkt er und schmunzelt gequält. „Wann bekomme ich die Übersicht vom Newsdesk? Sind die Tickernachrichten vorsortiert?“ „Ja, interessant ist die Stellungnahme eines Telekommunikationsexperten, der sagt, dass bei der hochautomatischen Produktion das Kostenargument nur vorgeschoben sei,“ sagt einer der Umstehenden. „Schickt ein Kamerateam an die Universität. Ich will ein Statement zum Thema Kostenargumente“, ordnet der Chef vom Dienst kurzerhand an, den alle Gere nennen, weil er der geschäftsführende Redakteur ist,. „Wenn es heute Abend nicht kommt, benötigen wir den O-Ton spätestens morgen in der Frühstückssendung.“

Nebenan sitzt ein Team, das die Fernsehsendungen der Mitbewerber durchforstet. Was wissen die? Wieweit sind sie in der Sache voraus? Gibt es neue Erkenntnisse? Neues Material ist bereits aus dem Schnitt eingetroffen: NRW-Wirtschaftsministerin Christa Thoben (CDU) traf sich heute mit dem Betriebsrat des Werks. „Die Brutalität der bisherigen Abläufe, die das Unternehmen zu vertreten hat, steht im krassen Widerspruch zu den Unternehmensgrundsätzen, die in der Hauptverwaltung hier in Bochum an den Wänden hängen“, sagte sie danach. „Zur Erinnerung,“ unterbricht eine Mitarbeiterin Julius prüfenden Blick: „in 25 Minuten ist Aufzeichnung. Die Betriebsratsvorsitzende Gisela Achenbach ist schon unterwegs zum Sender. Die Moderatorin sitzt schon in der Maske und hat einige der korrigierten Scripte!“

Julius eilt in den Vorführraum. Ein Team freier Journis hat einige Szenen zum Thema anzubieten. Das Material ist auf Brisanz und Zuverlässigkeit zu prüfen. Sie haben Vertragsunterlagen fotokopiert, die Subventionsgelder von der Landesregierung von Nordrhein-Westfalen in Millionenhöhe zur Verfügung stellen, wenn entsprechend Arbeitsplätze geschaffen werden. Eine andere Aufnahme zeigt, dass Nokia sich an die im Vertrag festgeschriebene Zahl an Arbeitsplätzen nicht gehalten hat. Ein kurzer Film zeigt den Nokia-Deutschlandboss Klaus Goll und diverse kurze Interviews. „Ohne verwertbare Aussagen“, stellt Julius fest: „Michael Glos (CSU) zuckt nur mit den Achseln – gut für das Archiv.“

Ein Redakteur setzt sich mit den Schlagzeilen in den Zeitungen nach verwertbarem Duktusmaterial auseinander: K.O.-Schlag für Bochum! Ist Deutschland zu teuer? Schwarzer Tag für die Region! Der Frontalangriff auf die Menschen im Ruhrgebiet! Er stellt Julius die Formulierungen der Hauptbotschaften für die Abendsendung vor. Julius geht das Storyboard der Sendung noch einmal durch und kontrolliert den Fragenkatalog an Frau Achenbach. Die Zeit ist knapp. „Wie immer“, murmelt Julius und eilt in den Redaktionskonferenzraum.

Zwischendurch meldet sich immer wieder sein Handy fordernd, reißt ihn aus Gesprächen und Überlegungen. Es ist kein Nokia, sonst hätte er es weggeworfen, wie einige seiner Kollegen ...

Das waren wenige Minuten aus dem Leben in einer Redaktion. Verschiedene Betrachtungswinkel und ein Aufwand an Recherche lassen die Tagesarbeit in einen zwanzigminütigen Beitrag fließen, den Millionen Menschen am Abend sehen werden.

Geschichten, Schicksale, Taten

Menschen lieben Geschichten. Medien produzieren diese, ob TV oder Illustrierte, Rundfunksendung oder Online-Dienst. Die Ereignisse rufen Themen hervor, die mit Bildern und Geschichten angereichert erzählt werden. Informationen erhalten damit einen Unterhaltungswert und dazwischen kommen Sie mit Ihren Ansichten, Kommentaren und Sachverhalten vor. Sie, der Krisenkommunikator oder Frontmann für die meinungsbildenden oder meinungsmachenden Medien.

Dabei gibt es vor allem eine Kardinalsaufgabe im Umgang mit Journalisten. Fachleute berichten sachlich, abstrakt und ergebnisorientiert. Medien berichten persönlich, nahezu intim und erlebnisorientiert. Daraus entsteht zwangsläufig die Aufgabe, aus dem Rohstoff der Informationen eine menschliche, konkrete und empfängerorientierte Darstellung zu produzieren. Das setzt ein aktives Aufeinanderzugehen mit den Medienmachern voraus.

Seien Sie aktiv und betrachten Sie die Journalisten als Ihre Kommunikationspartner. Sie arbeiten nicht gegen die Medien, sondern mit den Medien. Betrachten Sie die Medien als Ihre Kunden und beliefern Sie diese.

- TV braucht Bilder,
- Radio braucht Töne,
- Internet braucht aktuelle Sofortinformationen, auch zum Herunterladen,
- Tageszeitungen brauchen ausführliche Hintergrundinformationen,
- Illustrierte benötigen Informationen, Infografiken und Fotos,
- Fachzeitschriften brauchen die größte Menge an Material, da Insider als Zielgruppe noch hinzukommen.

Mehr als ein gutes Dutzend Tipps

Was zu tun ist im Umgang mit Reportern, die in Zeitungen und Zeitschriften schreiben, die Hörfunksendungen oder TV-Formate moderieren, die Online-Redaktionen oder Presseagenturen bedienen, habe ich für Sie in einem Medien-Umgangscheck zusammengefasst. Dieses 14 Punkte umfassende Programm soll Ihnen die Arbeit im Umgang mit Medien erleichtern und in Ihnen zugleich Verständnis und Lust auf gute Vorbereitung wecken. So müssen Sie nie Paparazzis verprügeln, vom Baum schütteln oder im Beiboot versenken.

1. Journalisten sind Ihre Partner für Öffentlichkeit. Sie sind nicht Ihre Feinde, aber auch nicht Ihre Freunde! Es geht um Information und Botschaften, nicht um das Plaudern aus dem „Nähkästchen."

2. Medienmacher stehen unter enormem Zeitdruck. Gute Vorbereitung Ihrerseits und das Signal zur Kooperation sind Eckpfeiler im Umgang mit Journalisten.

3. Seien Sie nachsichtig und geduldig, auch wenn seitens der Medienleute manchmal der Eindruck entsteht, dass sie nicht alles wissen und wissen können. Der Informationsdurst sollte im Vorfeld in etwa abgeschätzt werden. Wie viel Sachwissen, wie viele Hintergründe können günstigen Falles von Ihnen gegeben werden?

4. Sondieren Sie Ihre Nachrichten nach Aktualität. Sortieren Sie „den Schnee von gestern und den kalten Kaffee aus" und fragen Sie sich selbst nach dem Informationsgehalt Ihrer etwaigen Antworten.

5. Betrachten Sie die Medienmacher als Ihre wichtigen Kunden, deren Lieferant Sie sind. Sie liefern Ware in Form einwandfreier Informationen und Ihre Kunden stillen dafür den Wissensdurst, aber auch die Sensationslust der Öffentlichkeit.

6. Medienleute sind Schlüssellochbohrer. Sie bestimmen den Blickwinkel durch die Ehrlichkeit und Aufrichtigkeit der Ansprechpartner in den Firmen, den Parteien und Behörden. Versuchen Sie deshalb nicht zu tricksen, verhandeln oder Geld in das Kalkül Ihrer Überlegungen zu ziehen.

7. Die meisten Journalisten wollen die ungeschminkte Wahrheit als Sensation erfahren. Sprechen Sie die Sprache der Medienzielgruppe: Klare, unmissverständliche Botschaften in der Umgangssprache. Vermeiden Sie Fachtermini.

8. Bauen Sie ein Vertrauensverhältnis zu Ihrer lokalen Medienlandschaft auf. Am besten gleich und noch heute, damit in Krisenzeiten bereits ein festes Vertrauensverhältnis regiert und die kompetenten Ansprechpartner auf Tuchfühlung mit Ihnen gehen.

9. Bringen Sie Konstanz in Ihre Medienarbeit. Rufen Sie in den Redaktionen an. Informieren Sie die Redakteure über Ihre Beweggründe, Vorhaben, über News und Maßnahmen in Ihrem Unternehmen oder Ihrer Behörde. Ihre Gesprächspartner sind auch an Gesprächen interessiert, die nicht in der nächsten Ausgabe abgedruckt oder gesendet werden. Zeigen Sie Verlässlichkeit.

10. Medienleute sind auch Leute wie Sie und ich. Sie sind eigenständig, eigenwillig und haben auch Vorurteile und Standpunkte, obwohl Neutralität ein theoretisches Mediengrundprinzip ist, aber Sie ahnen sicher die praktische Seite der Prinzipien. Seien Sie deshalb überzeugend, menschlich und überprüfen Sie Ihre Argumente auf Ecken und Kanten.

11. Haben Sie einmal schlechte Erfahrungen mit Medien gemacht, so geben Sie jedem, dem Sie begegnen eine neue Chance. Je besser sie vorbereitet sind, desto sicherer ist Ihre Botschaftswirkung. Ein persönliches Problem mit einem Redakteur oder Journalisten sollte durch ein Gespräch im Vorfeld ausgeräumt werden.

12. Laden Sie für Statements, Pressekonferenzen, Kongresse nur jene Medienleute ein, die Ihren Zielvorstellungen für seriöse Berichterstattung dienen.

13. Nehmen Sie den Zeitfaktor ernst. Achten Sie darauf, dass zugesagte Rückmeldungen erfolgen, dass Sie Informationen weiterleiten und dass Sie beim Vermitteln von Gesprächs- und Interviewpartnern mit großer Sorgfalt agieren.

14. Lassen Sie sich niemals auf Gerüchte und Spekulationen ein. Das ist häufig eine Falle, aus der Sie nicht mehr heil herauskommen.

15. Führen Sie ein Medien-Kontaktbuch mit Ansprechpartnern, Kontaktdaten und Erfahrungen, die Ihnen dann gerade in einer Krisenbewältigung zuverlässige Arbeit mit Ihrem Zielpublikum ermöglichen. Wachen Sie gewissenhaft über Redaktionstermine und Aktualität Ihrer Daten

Abbildung 5: Karikatur: „Wir sind doch unter uns.“

Das Nachrichten-Involvement

In der Ursachenforschung um Medienaufmerksamkeit spielt das Involvement von Nachrichten eine große Rolle. Von Involvement spricht man im Medien-Marketing, wenn der Empfänger eine starke Identifikation spürt und sich durch die Nachrichten und Informationen einbezogen fühlt. Große Marken, berühmte Leute, beliebte Produkte, Gesundheitsrelevanz usw. sind Faktoren, die einen besonderen Reiz auf Journalisten und deren Medienkonsumenten ausüben.

Diese Nachrichten-Involvement-Faktoren gelten als Barometer dafür, wie Journalisten den Stellen- und Aktions-Wert einer Nachricht beurteilen. Medieninteresse wird damit, zumindest bis zu einem gewissen Grad planbar, durchschaubar und manipulierbar. Markenartikler bedienen sich oft Prominenter, um so in die Presse und damit in die Öffentlichkeit zu kommen. In Krisenzeiten funktioniert das ähnlich. Als die Elbbrücke in Dresden schon längst beschlossen und deren Bau durch die Gerichte legitimiert war, wurde von den Gegnern der Elbbrücke sogar Günter Grass nach Dresden zitiert, um eine prominente Front gegen den Brückenbau zu organisieren. Das hat funktioniert, denn Grass schaute aus dem gesamten deutschen Blätterwald der Zeitungen. Der geplante Brückenbau wird ein paar Millionen mehr kosten, da zum wiederholten Male Gutachten, Planungsänderungen, Verfügungen gefertigt und damit erneut bürokratisiert werden.

Indikatoren für erhöhtes Medieninteresse

1. Subjektivität

Der Journalist oder Redakteur schätzt die Bedeutung einer Nachricht subjektiv ein, da er das Interesse des Lesers, des Zuschauers, seines Programmdirektors und seiner eigenen Karriere im Fokus hat.

2. Augenscheinlichkeit

Je klarer und deutlicher sich der Krisenfall darstellen lässt, desto eher hat er die Chance zur Nachricht. Die Treffsicherheit einer Nachricht darf nicht die Beweislage gefährden.

3. Bedeutsamkeit

Je mehr Marke, mehr Persönlichkeit, desto mehr Zielgruppe. Wenn eine Marke wie Dr. Oetker beschädigt wird, wenn ein Mann wie Zumwinkel verhaftet wird, wenn tausende Patienten durch einen Vorfall einer Pharmafirma geschädigt werden, oder die Infrastruktur eines Gebietes durch einen Chemieunfall lahmgelegt wird, so ist deren Medieninvolvement besonders hoch und das der Hörer, Leser und Zuschauer ebenfalls sehr groß, weil die Neugier mit Spannung nach einem lebendigen Krimi geweckt wurde.

4. Erwartung

Erfüllt das Thema Klischees, anerzogene Vorstellungen und Erwartungen, bestätigt es Gerüchte und Vorahnungen, ist das Involvement ebenfalls sehr hoch. Der Zuschauer hat immer schon geahnt, dass Ackermann von der Deutschen Bank kein Saubermann ist. Der Zuschauer wollte bestätigt sehen, dass Mercedes auch Fehler macht. Und des Bürgers Vorahnung ist bestätigt worden, dass der Staat sich Informationen auf kriminelle Weise durch Ankauf von Bankdaten dubioser Leute verschafft.

5. Sensationslust

Ereignisse, die unvorhergesehen eintreten, die verblüffen, erschrecken, unbequeme Wahrheiten zu Tage bringen, schmutzige Wäsche waschen, Schwarzgelder, Intimitäten, Schludereien etc. finden in der Berichterstattung schnell große Aufmerksamkeit. Vorfälle werden zu Sensationen, Unfälle zu Katastrophen, Ausfälle zu Skandalen.

7. Dauerfeuer

Das Ereignis ist auf längere Sicht Thema, wird von vielen Facetten und Aspekten her beleuchtet. Stimmungsbilder wechseln sich mit Zahlenwerken und Meinungen ab. Die Recherche läuft auf Hochtouren und wehe, es wurde gelogen, vertuscht und Beweise vernichtet.

8. „Bad News are Good News"

So ist es, schlechte Nachrichten sind gute Nachrichten, sie unterstützen das Selbstverständnis der Medien, verbessern Auflagen und Einschaltquoten. Krisenthemen eignen sich besonders, um sich in der Medienkonkurrenz zu behaupten. Das Involvement ist bei negativen Nachrichten besonders hoch und kann auch sehr leicht oben gehalten werden.

Medien produzieren aus Ereignissen mediale Darstellungen

Wie stellen sich die Ereignisse dar? Immer wieder ziehen sich Fragenmuster durch die Berichterstattung:

- Was gibt es Neues?
- Was ist passiert?
- Warum ist es geschehen?
- Wer ist beteiligt?
- Was ist anregend, interessant und unterhaltsam?

Krisenkommunikation im Umgang mit Journalisten bedeutet für Sie eine klare Kommunikation auf der Sachebene und der Emotionsebene. Bedienen Sie beide. Helmut Markwort, der Chefredakteur des Nachrichtenmagazins „FOCUS" wurde durch seine Worte in den TV Spots: „Fakten, Fakten, Fakten!" bekannt. Aber Fakten alleine lesen sich wie ein Geschäftsbericht einer Investmentbank. Die emotionale Ebene, die Gefühlsebene, die Menschen mit ihren Geschichten und schicksalhaften Verstrickungen machen aus Fakten Bilder in uns, lassen den Menschen Partei ergreifen, mitfühlen und je nach Ereignis sogar zum Helfer werden, wie es die Flut entlang der Elbe schaffte. Neben dem bedrohlichen Pegelstand waren es die Bilder von sandsackfüllenden Menschen, von Baumärkten, die Werkzeuge spendeten, von den stillen Helden des Technischen Hilfswerks THW.

Umgang mit Medien

Sachebene

- Situationsbeschreibung
- Sachinhalte vollständig, ungeschminkt
- Hintergründe
- Info über Schritte: Analyse, Behebung
- Ausblick auf Vorbeugung

Emotionale Ebene

- Seien Sie auch selbstkritisch
- Zeigen Sie Anteilnahme
- Ehrlichkeit, Aufrichtigkeit

Verbotene Ebene

- Verantwortung ablehnen
- Das Geschehnis bagatellisieren
- Auf Schuldzuweisungen reiten

Abbildung 6: Die Ebenen im Medienumgang

Bedenken Sie immer, Sie sind der Botschafter einer Marke, eines Unternehmens, einer Dienstleistung, einer Partei oder Behörde, aber es gibt einen entscheidenden Unterschied.

Sie sind Botschafter ohne diplomatische Immunität.

In der Krisenkommunikation heißt das, dass Sie die Medien mit Informationen versorgen, ohne dass es ein Drahtseilakt zwischen Wahrheit und „gedeckelten Erkenntnissen" für Sie wird.

Welche Möglichkeiten Sie haben und wie Sie sich vorbereiten, lesen Sie im nächsten Kapitel.

❖ *Den heilsamen Wahrheits-Extrakt um das Wissen im Umgang mit Medien, samt seinen Nebenwirkungen, legen Sie sich in Ihren Krisennotfallkoffer.*

Kapitel 4: Die Statementtechnik – Disziplin für klare Botschaften

„Das Geheimnis der Langeweile ist, alles sagen zu wollen."
Voltaire, Autor der französischen Aufklärung

Fassen Sie sich kurz – Sie haben 26 Sekunden Zeit

Während er sich hastig anzieht, sieht er die Bilder im Frühstücksfernsehen: Feuerwehren rasen durch die Straßen, rauchgeschwärzte, hustende Helfer vor Ort, eine dunkle Rauchwolke über der Stadt, Kindergärtnerinnen dichten die Fenster mit Lappen ab, Gerangel der Sicherheitsleute mit Journalisten am Werkstor ...

Er ist heute zeitig und stürmisch per Telefon geweckt worden, vor allem mit einer unerfreulichen Nachricht. Heute Morgen ist es in seinem Werk zu einer Brandkatastrophe gekommen, die zur Verpuffung giftiger Substanzen geführt hat. Einer der Arbeiter liegt mit Brandverletzungen im städtischen Krankenhaus, der andere Arbeiter ist durch die Explosion ums Leben gekommen. Ein tragischer Fall. Der Schreck sitzt tief.

Das Telefon klingelt wieder und das Handy zur gleichen Zeit. Er versucht mit beiden Hörern zu telefonieren: „Ja natürlich, verständigen sie umgehend die Behörden und den TÜV auch!", und in den anderen Hörer: „Ja, ich komme so schnell ich kann … die Qs

& As, klar …". Im Hintergrund lärmt der Fernseher mit Sirenengeheul und hastig sprechenden Reportern.

Seine Frau hat ihm heute einen Instantkaffee gemacht, für mehr ist keine Zeit. Es hupt vor dem Haus. Er sieht hinunter. Sein Fahrer steht an der Tür des Wagens, umringt von einigen Kamerateams. „Oh Gott, das auch noch, die Medienmeute," denkt er und hastet ins Bad, um sich schnell ein wenig frisch zu machen. Flüchtiges Zähneputzen. Kurze Rasur. Zeit zum Nachdenken. Die „Journis" lauern. Wie war das noch einmal mit dem Statement, versucht er sich zu erinnern. Ich muss ein Statement abgeben. Wehre ich die Journalisten nur ab, entsteht ein Bild der Unverantwortlichkeit und der Flucht. Das ist ein negatives Vakuum und ein Vertrauensverlust.

Was hatte der Typ im Seminar gesagt?

- Nicht bewerten, sondern beschreiben.
- Wie sollte die Basisbotschaft wirken?
- Wir reagieren nicht, sondern wir agieren!

Er erinnert sich der Bilder im Fernsehen der vorigen Woche. Ein geschlossener Sitzungssaal. Vor den Türen lauern Journalisten. Die Tür geht auf, einer der Teilnehmer versucht sich auf die Toilette zu schleichen. Schnell ist er umringt von Mikrofonen, von Fragen und Blitzlichtgewitter. Seine Antworten bringen ihn um Kopf und Kragen wie die Nachrichtensendungen am Abend zeigen. Es trifft ihn unvorbereitet. Er gibt Informationen preis, die noch nicht zu Ende gedacht sind, er spekuliert.

Wie war das noch mal mit dem vorproduzierten Statement und dem Original-Ton. Jetzt fällt es ihm ein:

Der dreifache Blick:

1. Rückblick (Was ist passiert?)
2. Überblick (Wie gehen wir damit um?)
3. Ausblick (Was werden wir tun? Wann gibt es neue Erkenntnisse?)

Flüchtig bindet er sich die Krawatte um. Geistesgegenwärtig ordnet seine Frau den Kragen des Hemdes, festigt den Krawattenknoten. Er tritt vor das Haus. Die Journalisten bestürmen ihn mit Fragen:

„Ist die Wolke giftig?",

„Kann durch das Löschwasser der Boden kontaminiert werden?", „Gibt es weitere Opfer?"

Er verharrt einen Moment, bringt sich in Positur und beginnt mit fester, lauter Stimme:

„Gegen 6:14 Uhr heute Morgen ereignete sich in unserem Werk ein Störfall.

Ein Brand aus noch ungeklärter Ursache führte zu einer Explosion .

Die Feuerwehr ist vor Ort und dämmt den Brand ein.

Ein Mitarbeiter wurde verletzt und befindet sich in ärztlicher Behandlung.

Der zweite Mitarbeiter erlag seinen Verletzungen.

Wir sind tief betroffen und sprechen den Angehörigen unser ganzes Mitgefühl aus."

Kleine Pause.

„Die Gefahr weiterer Explosionen ist nicht gegeben.

Ein Expertenteam hat mit der Untersuchung der Ursache und eventueller Folgeschäden begonnen.

Die entweichenden Gase werden derzeit untersucht.

Sobald es Neuigkeiten gibt, benachrichtigen wir sofort ihre Redaktionen.

Eine Hotline und eine Informationsplattform auf unserer Homepage werden zur Stunde eingerichtet.

Sie werden mich jetzt bitte entschuldigen, meine Leute brauchen mich dringend."

Er bahnt sich den Weg, steigt in die schwarze Limousine und braust in Richtung Werk davon.

„Kompliment", sagt der Fahrer, „in 35 Sekunden haben Sie alles angesprochen."

Diese kleine, wahre Geschichte zeigt Ihnen die Wichtigkeit der Königsdisziplin – des Statements. Vorbereitet und geübt ist es ein wirkungsvolles Instrument, um klare Aussagen medienwirksam zu gestalten.

Das Statement ist ein kommunikativer Akt – eine Erklärung. In kurzer oder verkürzter Form gibt der Statementgeber Aufschluss über eine Lage, einen Vorfall oder eine Situation. Zum einen bedeutet „Erklärung" die Beschreibung eines Phänomens, die Erläuterung eines Sachverhaltes, aber auch die Nennung der Ursachen eines Phänomens aus der Sicht eines Fachmannes, Verantwortlichen oder Betroffenen.

Das Ziel eines Statements ist es, nach Möglichkeit ungekürzt und im Zusammenhang mit dem Ereignis in Hörfunk und TV gesendet, oder im Originaltext einer Zeitung zitiert zu werden und so mit einer zentralen Botschaft „durchzudringen".

Abstraktes Reduzieren einer Botschaft

Sie haben dafür im Krisenfall maximal 30-40 Sekunden (manchmal noch weniger) Zeit, deshalb ist die Schwierigkeit innerhalb der Statementtechnik vor allem das Reduzieren, das Weglassen, um das Prägnante an der Botschaft zu formulieren.

Sie können diesen Vorgang mit Picasso vergleichen, der einmal treffend sagte, dass die Kunst vor allem im Weglassen besteht. Was er damit meinte, lässt sich auf das Statement übertragen. Picassos frühere Zeichnungen waren sehr detailgetreu-realistisch und mit großem Aufwand angefertigt. Sein Spätwerk, zum Beispiel die berühmte Serie der Stierkampfgrafiken, fängt dagegen mit minimalistischen Strichen markant die Dynamik, die Stimmung und den Todeskampf in der Arena ein.

Medien produzieren Geschichten rund um Themen, sie bebildern Ereignisse, illustrieren das Leben. Dazwischen zeigen die Kameras gern Gesichter. Menschen mit Meinungen, mit Erfahrungen, mit Wissen zur Sache und mit Geständnissen, denn das Medienprodukt bedient ebenfalls die vier Ebenen, die wir vom Modell einer Botschaft von Watzlawick kennen.

Die Information ist die Sachebene und die Unterhaltung die emotionale Ebene. Die Art der Darstellung ist die Selbstoffenbarung des Senders, des Produzenten, des Redakteurs. Es ist ein Unterschied, ob Sie vor einem RTL- oder einem ZDF-Mikrofon stehen. Die Wertung ist zugleich Appell, der Aktion einfordert. Tut etwas dafür oder dagegen.

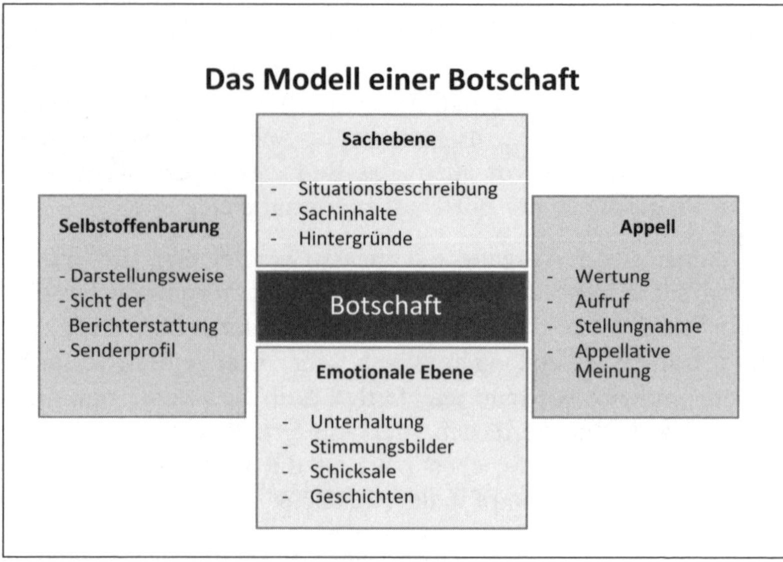

Abbildung 7: Modell der Botschaft

Das Statement – die Königsdisziplin

Haben Sie einmal im Fernsehen gesehen, dass der Queen zu besonderen Anlässen eine Krone aufgesetzt wird? Mit der Krone zeigt sie eine noch würdigere Haltung, ihre Erklärungen sind majestätisch und klingen fast wie ein Gesetz. Das Statement ist ähnlich. Die kurzen Fassungen eines Statements, die wenigen Sekunden Redezeit, sind wie eine Regierungserklärung mit wenigen, dafür markigen bzw. markanten Worten. Um zu vermeiden, dass der O-Ton (Originalton) eines Ihnen schnell vorgehaltenen Mikrofons aus dem Zusammenhang gerissen wird, muss der Statementgeber ein fertiges Wort-Bild-Produkt, einen geschliffenen Edelstein, produzieren lassen und sich den festen Regeln der Königsdisziplin des Statements strikt unterwerfen. Diese Regeln gelten für alle Formen von Statements:

Regel 1

Journalisten haben meistens keine Zeit: bereiten Sie sich daher gut vor und seien Sie diszipliniert.

Beschränken Sie sich auf einen Aspekt des Themas. In der Kürze liegt die Würze.

Regel 2

Keine abstrakten und komplexen Sachverhalte: markante, kurze Sätze auf den Punkt gebracht, d.h. keine Konjunktivsätze mit „würden, sollten etc." verwenden.

Bedienen Sie sich der Indikativ-Aktiv-Form.

Regel 3

Wirken Sie persönlich: „Wir sind betroffen.", „Die Personalabteilung hat ...", „Ich bin der Ansicht ...".

Regel 4

Nehmen Sie sich einen Coach als Begleiter. Der Coach, ein Kollege, Mitarbeiter oder Assistent, achtet auf Ihr äußeres Erscheinungsbild (man denke an Loriot mit der Nudel im Mundwinkel), auf den Bildhintergrund (keine rauchenden Schornsteine im Bildausschnitt, wenn Sie über Ihre sauberen Produkte sprechen). Der Coach veranlasst auch gegebenenfalls eine Wiederholung der Aufnahme des Statements bei Versprechern oder sachlichen Unklarheiten.

Regel 5

Richten Sie im Unternehmen, der Behörde oder Institution eine Rednerecke bzw. hintergrundspezifische Wand für solche Mediensituationen wie TV-Videoaufzeichnungen und Fotoshootings ein. Einen Raum mit einer neutralen Ecke oder einer Wand ohne Gegenlicht, vielleicht mit einer Grünpflanze oder einem gefüllten Bücherregal, wenn Sie einen besonders belesenen Eindruck vermitteln wollen. Ein Stehtisch oder eine Sitzgelegenheit für Interviews sind dabei vorteilhaft.

Regel 6

Sprechen Sie frei. Prägen Sie sich dafür Stichworte ein, keine ganzen Sätze, denn man hört sofort, wenn Sie einen auswendig gelernten Text im verräterischen „Singsang" sprechen.

Stehen Sie gerade und wippen Sie nicht. Verschränken Sie die Hände nicht hinter dem Rücken oder vor dem Bauch. Die Hände auf dem Rücken wirken so, als hätten Sie etwas zu verbergen. Hände vor dem Bauch strahlen Selbstzufriedenheit aus.

Regel 7

Achten Sie auf die äußere Form. Bedienen Sie das Klischee. Medien arbeiten gern mit eindeutigen Bildern, die sich durch äußere Erscheinungsformen emotional einfügen lassen.

Exkanzler Gerhard Schröder gab ein viel glaubwürdigeres Bild zur Jahrhundertflut auf dem Deich in Regenjacke und Gummistiefeln ab, als es der bayerische Ministerpräsident Edmund Stoiber im Anzug tat.

Ärzte werden gern im weißen Kittel gefilmt und ein echter Feuerwehrmann darf Rußschwärze im Gesicht haben. Manager tragen Anzüge und quer gestreifte Krawatten (Vorsicht vor zu kleinem Muster bei Hemd und Krawatte, das flimmert im Fernsehbild).

Regel 8

Vermeiden Sie Fachtermini. Die Umgangssprache ist besser als die Schriftsprache. „Schauen Sie dem Volk aufs Maul", so versteht Sie auch der Neuköllner Hinterhofadel „Erny Pasulke".

Bei nicht zu vermeidenden Fachbegriffen, erklären Sie diese einfach im Nebensatz.

Beispiel: *„Unser Medikament gegen Pleuritis, Pleuritis ist eine Rippenfellentzündung, wirkt auch gegen ..."*

Mit diesen acht Regeln sind Sie schon einmal auf der sicheren Seite, um wirkungsvoll aufzutreten.

Es gibt zwei Arten der Statementtechnik. Das Drei-Blick-Statement und das Fünf-Punkte-Statement.

Je nach Situation, sei es, dass Sie als Krisenstab sprechen, der einen Produktfehler oder einen Korruptionsversuch zugeben müssen, oder dass Sie ein Verhandlungsergebnis mit der Gewerkschaft statuieren, die Botschaft bestimmt die Form des Statements.

Das Drei-Blick-Statement in Krisensituationen

Was wollen Sie vor allem verhindern? Zunächst wollen Sie sicher verhindern, dass Ihre Botschaft gekürzt oder verfälscht wird. Sie wollen auch verhindern, dass Ihre Botschaft verzerrt und aus dem Zusammenhang gerissen wird. Also liefern Sie ein sende- oder druckreifes Produkt.

In Krisenszenarien eignet sich das Drei-Blick-Statement besonders für die schnelle und lückenlose Dokumentation des Vergangenen, des gegenwärtigen Zeitpunkts und der Aufgaben, die Sie vor sich haben. Sie fassen damit Vorgänge zusammen und gestalten eine Dramaturgie in einem fast vorgeschriebenen Drehbuch.

1. Der Rückblick ist die Perfektform:

   „Was ist bisher passiert?“

2. Der Überblick ist die Präsensform:

   „Wie ist der Erkenntnistand?“

3. Der Ausblick ist die Futurform:

   „Was werden wir tun? Wann stehen neue Erkenntnisse zur Verfügung?“

Das Modell eines Drei-Blick-Statements

Blick 1 **Rückblick**	Situationsbeschreibung Darstellung der Lage Chronologie des Ereignisses	Was ist passiert? Wer ist betroffen? Was ist wesentlich?
Blick 1 **Überblick**	Aktueller Stand der Untersuchungen Schadensbegrenzung Folgen für Menschen und Umwelt	Was wurde veranlasst? Wie stehen wir dazu? Position zu den Betroffenen
Blick 1 **Ausblick**	Aktionsplan Vorgehensweise Konsequenzen Folgende Schritte	Wie geht es weiter? Wer kooperiert? Wann gibt es neue Informationen? Konsequenzen, Kontrollen und Lernprozesse

Abbildung 8: Das Drei-Blick-Statement

Die Abbildung zeigt Ihnen die unterschiedlichen Inhalte der drei Blickwinkel. Die allgemeine Übersicht passt zu jeder Branche, ganz gleich ob Sie aus dem Einzelhandel, der Maschinenbau-, Pharma-, Chemie-, Bau-, Textil- oder Versicherungsbranche kommen.

Ein besonderes Risiko tragen natürlich Unternehmen, die mit riskanten Materialien oder Chemikalien arbeiten, die im Energiesektor tätig sind oder das Geld anderer Leute verwalten bzw. vermehren müssen. In der Politik sind das vor allem Parteien und Organisationen, die in der Regierungs- und Gestaltungsverantwortung stehen.

Das Fünf-Punkte-Statement für Erklärungs- und Positionierungssituationen

Das Fünf-Punkte-Statement kommt auch zur Anwendung in der Krisenkommunikation, ist aber wesentlich kürzer als das Drei-Blick-Statement. Meist haben Sie nur 15 bis 30 Sekunden Zeit.

Beispiele dafür sind beim Interview und in der Pressekonferenz zu finden. Eine klare, auf die Botschaft ausgerichtete Antworttechnik oder Erklärung ist in Konfliktsituationen besonders wichtig.

Machen wir einen kleinen Ausflug in die Geschichte. Die Zeit Roms. Als Senator war Marcus Porcius Cato ein entschiedener Befürworter des Dritten Punischen Krieges. Er soll dabei jede seiner Reden im Senat wie folgt geschlossen haben: „Ceterum censeo Carthaginem esse delendam“ (Im Übrigen bin ich der Meinung, dass Karthago zerstört werden muss.).

Die Legende rankt sich um den Staatsmann Cato als erstem Statementgeber in fünf klaren Punkten:

1. „Karthago muss zerstört werden.
2. Punische Krieger fallen in Sizilien in römisches Territorium ein.
3. Sie schlachten unsere Kinder und schänden unsere Frauen.
4. Ich bin der Meinung, dass es an der Zeit ist, dass die römische Armee einschreitet. Wir müssen sofort handeln.
5. Wir müssen Karthago zerstören, bevor es uns zerstört.“

Das sind die fünf Punkte. Im Dritten Punischen Krieg wurde Karthago dann tatsächlich zerstört.

Betrachten wir nun diese fünf Punkte genauer:

Der erste Punkt ist eine Behauptung, eine These, eine direkte Feststellung, eine Schlagzeile.

Der zweite Punkt ist die Begründung, die plausible Ursache.

Der dritte Punkt ist der Beweis, das prägende, emotionale Bild.

Der vierte Punkt ist das Bekenntnis, die persönliche Positionierung, die Meinung als Lösung.

Der letzte Punkt ist die Beschwörung, das Urteil, der Appell, das Fazit.

Das Modell eines Fünf-Punkte Statements

Behauptung	These / Behauptung Startsatz / Feststellung	„Atheismus lässt eine Gesellschaft erkalten!“
Begründung	Darstellung der Lage Chronologie des Ereignisses Situationsbeschreibung	„Kirchenaustritte gefährden die karitativen Aufgaben der Volkskirche.“
Beweis/Bild	Bild / Assoziation Beleg	„Altenheime und Krankenhäuser müssen schließen!“
Bekenntnis	Persönliche Meinung Positionierung/Ansicht Erkenntnis	„Ich bin der Meinung, wir haben hier eine gesellschaftliche und moralische Verpflichtung!“
Beschwörung	Appell /Schlussfolgerung Warnung /Aufruf	„Darum rufe ich Sie auf: Unterstützen Sie karitative Einrichtungen in Deutschland!“

Abbildung 9: Das Fünf-Punkte-Statement

Viele sprechen auch vom Fünf-B-Statement, da die fünf „B“, Behauptung, Begründung, Beweis, Bekenntnis und Beschwörung, sich als Gliederung gut merken lassen.

Ein Beispiel aus der Praxis. Das Statement eines Industriellen:

1. „Wir müssen leider 20 Mitarbeiter am Standort Duisburg entlassen.

2. Die zu hohen Lohnstückkosten zwingen uns zu diesem Schritt.
3. Die Chinesen bieten in unserer Branche Konkurrenzteile zum halben Preis.
4. Ich bin der Ansicht, dass wir nur über sinkende Kosten wettbewerbsfähig bleiben können. Das können wir vor allem mit der Umstrukturierung von Arbeitsplatzkapazitäten erreichen.
5. Deshalb ist es wichtig, in dieser Runde erneut über die Tariferhöhungen in die Diskussion zu gehen."

Statements sind auch im Alltag oder Berufsleben bei anderen Gelegenheiten sehr gut anzuwenden. Stellen Sie sich eine langweilige Sitzung vor, in der das Besprochene, ähnlich einer Kuh auf der Weide, wieder und wieder gekäut wird, nur weil einer Ihrer Kollegen ein Selbstdarsteller ist, der in seiner Fragerei eine Chance sieht, sich bei der Geschäftsleitung als besonders gründlicher Mitarbeiter zu profilieren. In der Statementtechnik ist dann Ihr Auftritt die Zusammenfassung zu fünf markanten Punkten mit der klaren Forderung, jetzt abzustimmen. Angesichts der fortgeschrittenen Zeit haben Sie sofort Freunde. Sie sind der Macher, der die Dinge endlich auf den Punkt bringt.

Versuchen Sie einmal für sich nach der Statementtechnik in fünf Sätzen zu beschreiben, was Sie beruflich machen. Fordern Sie das auch von anderen ein. Die wenigsten Menschen sind dazu in der Lage, es sei denn, sie haben geübt und trainiert:

1. „Ich bin ein erfolgreicher Verkaufsberater von Mercedes Benz.
2. Mercedes baut die besten Autos im Premiumsegment.

3. Es ist ein Gefühl von Luxus und Erhabenheit, einen Stern auf der Motorhaube vor sich zu sehen.
4. Schon als Kind hatte ich eine Affinität für die Autos mit dem Stern.
5. Deshalb verkaufe ich auch Mercedes mit Leidenschaft und bin erfolgreich."

Die Statementtechnik erlaubt Ihnen nicht nur eine gute Vorbereitung auf einen Medienauftritt.

Statements sind meist zitierfähig und haben einen hohen Erinnerungswert. In wenigen Sätzen haben Sie eine Situation klar umrissen und auf Grund der relativ kurzen Sätze lassen sich klare Aussagen formulieren.

Diese Technik diszipliniert Sie, sich kurz zu fassen, abstrakt zu denken und das Wesentliche einer Botschaft aufzuspüren. Trainieren Sie das fleißig, da Sie nicht nur Medienleuten eine exzellente Botschaft abliefern können, sondern auch als Krisenkommunikator Geschehnisse schnell auf den Punkt bringen können. Entscheidungen sowie Maßnahmen werden von Ihnen damit fast zum „Gesetz" erhoben.

- ❖ *Die Statementtechnik ist die Schere und die Pinzette für Ihren Krisennotfallkoffer. Sie schneiden lange Sätze, wandeln Redundanz in kurze Botschaften und ziehen damit den Stachel aus der Wunde.*

Kapitel 5: Die Pressekonferenz – das Fenster zur Öffentlichkeit

„Wer in der Öffentlichkeit Kegel schiebt, muss sich gefallen lassen, dass nachgezählt wird, wieviel er getroffen hat.“

Kurt Tucholsky, Journalist und Schriftsteller

Die Fragen der Journalisten dienen der Mandantschaft der Zuhörer, Leser und Zuschauer

Eine Pressekonferenz zeigt den aktiven Part der Krisenkommunikation. Aktion und Flagge zeigen ist die Wirkung nach draußen. Pressekonferenzen sind für viele Arten der Begegnung gut. Journalisten treffen auf ihre Kollegen. Sie tauschen sich aus, plaudern, manifestieren mitunter dabei Meinungen über eine Sache oder über eine Person. Unternehmenssprecher treffen auf die Medien und haben Gelegenheit, sich den Fragen zu stellen und Informationen bewusst zu steuern.

Ich erinnere mich gern an eine Pressekonferenz zur Autoausstellung „Ami“ in Leipzig. Gastgeber war VW mit Lamborghini. Einer der neuen Supersportwagen wurde vorgestellt. Als die Journalisten Fragen stellen durften, meldete sich ein Reporter aus dem Norden Deutschlands und fragte im „Werner-Norddeutsch“: „Haben Sie kein schlechtes Gewissen, dass Sie Autos bauen, die andern das Benzin wegfahren?“ Die Journalisten-Meute grölte los und ich hatte den Eindruck, das sind plötzlich alles Wernersens. Der Pressesprecher lachte nicht. Er rechtfertigte sich mit der betuchten Kundschaft, die in diesem Sportwagenbereich nicht in Verbrauchswertkategorien rechnen müsse.

Das war keine Krise, aber eine reichlich verdorbene Situation. Was will Ihnen diese Geschichte verdeutlichen?

Ganz einfach. Seien Sie vorbereitet, denken Sie quer und analysieren Sie, welche Fragen kommen könnten. Setzen Sie sich mit Eventualitäten auseinander. Versuchen Sie, ein Kritiker Ihrer Produkte, Ihrer Sicherheitsanlagen, Ihrer Technik, Ihrer Forschungsergebnisse, Ihrer Entscheidungen und Darstellungen zu sein.

Versetzen Sie sich gedanklich in Ihre Konkurrenz, in Ihre Opposition, in Ihre Feinde und Neider. Die folgenden Aspekte sollen Ihnen helfen, in Gedanken die Schreibtischseite zu wechseln und untersuchend tätig zu werden:

- Sozialecke
- Persönliche Angriffe
- Umweltaspekte
- Parteipolitik
- Erfahrungen aus der Vergangenheit
- Verhaltenscodex der Konkurrenz
- Öffentliche Meinung
- Politische und ethische Strömungen
- Zukunftschancen und Zukunftsängste
- Demografie
- Loyalität der Mitarbeiter

Pressekonferenzen in Krisenzeiten oder zu Krisenthemen sind besonders „goldwaagig“, deshalb ist die Vorbereitung darauf wichtig, obwohl es gerade in diesen Zeiten an der notwendigen Zeit fehlt.

Diese Zeit wird Ihnen auch immer fehlen, denn für dass, wofür Sie sich keine Zeit nehmen, wird auch niemals welche zur Verfügung stehen.

Kurzfristigkeit, Brandaktualität, Hektik und außergewöhnliches Tagesgeschäft bestimmen die Vorbereitungen.

Deshalb ist es wichtig, dass Sie sich eine Checkliste zur Hand nehmen und bereits in Gedanken an eine Pressekonferenz die richtigen Stilmittel einsetzen und Ihr eigenes Bewusstsein schärfen. Sie erhalten jetzt neun „Checks“, mit denen Ihre Pressekonferenz gelingen wird, denn Sie haben an alles gedacht.

Check 1: Der Termin

Bedenken Sie die Kurzfristigkeit eines geeigneten Termins in Krisensituationen. Überschneidungen mit anderen Terminen sollten von Ihnen ausgeschlossen werden (lassen Sie das gerade gründlich auch in Zusammenarbeit mit den Redaktionen abfragen). Die Abstimmungsprozesse mit involvierten Dritten wie Bundesumweltamt, lokale Feuerwehr, einem Minister des Bundeslandes sind kurz, intensiv und erfolgreich zu halten. Da Sie schon in der Präventionsphase vorgearbeitet haben, sind diese Kontakte schnell mit Ergebnissen versehen.

Check 2: Die Örtlichkeiten

Sie entscheiden, ob im eigenen Firmengebäude, in der Parteizentrale, im Behördenkonferenzraum oder an einem alternativen Ort das Presseereignis stattfindet. Achten Sie auf Angemessenheit des Raumes zum Ereignis. Bei einem Korruptionsskandal eignet sich das Kempinski in Heiligendamm nicht. Tragen Sie Sorge, dass Ihre Räumlichkeiten thematisch gut platziert sind, denn sie schaffen den Rahmen der Berichterstattung, entscheidend für das „gute Gefühl" der Medienmacher.

Verfügt der Veranstaltungsraum über gute Infrastrukturanbindungen je nach gedachter Größe der Pressekonferenz?

- Bei einer Pressekonferenz im eigenen Firmengebäude:
  - Regeln Sie den Zugang zum Werksgelände oder in andere Etagen mit Aufsichtspersonal. TV-Teams werden am Werkstor abgeholt und zum Presseraum gebracht. Der Werksschutz sollte verhindern, dass Kameraleute sich frei bewegen, Mitarbeiter befragen, Fotos unerlaubt schießen können, oder gar die Möglichkeit haben, heimlich in die Geschäftsräume, Produktionsanlagen oder Labore einzudringen.
  - Separate Räumlichkeiten für Interviewmöglichkeiten und für aktuelle Berichterstattung der Journalisten vor Ort werden mit entsprechender Technik ausgestattet.
- Folgende Möglichkeiten ziehen Sie ins Kalkül, wenn die Pressekonferenz nicht im eigenen Haus stattfindet:
  - Prüfen Sie, ob ausreichend Park- und gute Zugangsmöglichkeiten vorhanden sind.
  - Beauftragen Sie Personal für die Einweisung der Gäste und Teilnehmer der Pressekonferenz.
  - Stellen Sie sicher, dass gegebenenfalls Übernachtungsmöglichkeiten vor Ort oder in benachbarten Hotels zur Verfügung stehen und entsprechende Transfermöglichkeiten eingerichtet werden können.

– Bedenken Sie auch die Möglichkeit von Transferfahrten für Gäste vom und zum Flughafen bzw. Bahnhof.

Überwachte Unterstellmöglichkeiten für Presse-Equipment sollte ebenfalls vorhanden sein, bzw. abschließbare Räume zum Einstellen von Technik und Reisekoffern.

Check 3: Ausstattungsdetails

Sorgen Sie für eine unkomplizierte Anbindung an Internet und Mail.

- Die Bestuhlung des Konferenzraumes sollte in Kinoanordnung zum Präsidium aufgebaut werden und ausreichend Platz bieten.
- Die Tischordnung des Präsidiums bedeutet günstigerweise, dass der Moderator in der Mitte Platz nimmt, damit er die Fragen dann entsprechend links oder rechts verteilen kann. Damit entsteht optisch eine umfassende Informationsdynamik.
- Prüfen Sie, ob sich eventuell ein Rednerpult (mit Firmenlogo – im Krisenfall sehr klein) im Raumgefüge gut macht.
- Ihre Techniker sollten für Mikrofone, Verstärker, Lautsprecher für den Raum sorgen. Drahtlose Mikros, die schnell im Raum von Frager zu Frager gegeben werden können, um Anfragen seitens der Journalisten hörbar zu halten, helfen wesentlich der Verständigung.
- Lassen Sie die Lichtverhältnisse, die Beleuchtung und Verdunklungsmöglichkeiten prüfen. Genauso die Wandhintergründe. Übergroße Logos, Slogans oder Betriebsratslosungen sollten nicht an den Wänden hängen. Im Krisenfalle bestimmen eher neutrale Hintergründe das Bild. Es ist schließlich keine Werbeveranstaltung.
- Die Klimatisierung des Raumes muss ausreichend sein, da viele zusätzliche Video-Lampen und Technik Wärme abgeben.

- Die Multimediafähigkeit des Raumes mit Projektionsfläche, Leinwand, Beamer, Groß-TFT sollte auch durch einen Technik-Check gesichert werden.
- Kabelverbindungen, Verlängerungskabel (dabei ist die Sturzgefahr durch Überkleben der losen Kabel am Boden zu verhindern) und Abzweigdosen sollten in ausreichender Zahl zur Verfügung stehen.
- Ein Flipchart für spontane Visualisierungen macht sich in der Nähe des Podiums gut.
- Veranstaltungshinweise und Leit-Beschilderungen, Fluchtweg-Kennzeichnungen und Hinweise sollten ebenfalls mit bedacht werden.
- Lassen Sie eine Garderobe, je nach Jahreszeit und Wetter zur Verfügung stehen.

Check 4: Die Menschen

Der Mensch steht natürlich im Mittelpunkt. Menschen, die zu Schaden gekommen sind, die vielleicht sogar ihre Angehörigen verloren haben oder um deren Überleben die Ärzte noch kämpfen. Menschen, die entscheiden, forschen, produzieren, retten, leiden und Ergebnisse erbringen. Menschen die versagt haben, und auf der anderen Seite Menschen, die informiert werden wollen, Menschen die sich solidarisieren, die zornig sind und neugierig. Selbst kriminelle Energie ist ein Aspekt, der durchaus im Fokus stehen kann. Die Diskussionen um den CO2-Ausstoss haben in Berlin militante Gruppen dazu gebracht, Geländewagen und große Limousinen in das Visier ihrer Aktionen zu nehmen. Das begann mit zerstochenen Reifen in Zehlendorf und endete mit angezündeten Autos in Schöneberg und Kreuzberg.

- Erstellen Sie für eine Pressekonferenz, auch in Krisenzeiten, einen Regieplan mit Storyboard. Klären Sie, wer die Moderation bzw. Gesprächsleitung übernimmt.
- Die thematische Zuordnung der Menschen im Podium muss festgelegt werden (wer ist Sicherheitsexperte, wer ist Produktmanager, wer ist Betriebsleiter, wer arbeitet im Ausschuss mit, wer ist Forscher, Werksschutz, Techniker, Ingenieur, Arzt, Sprecher usw.).
- Wenn die Rollen feststehen, werden die Redebeiträge und Hauptbotschaften festgelegt. In der Krisenprävention haben Sie die Redner, Sprecher und Akteure bereits festgelegt. Sie sind vorbereitet, involviert und trainiert.
- Sorgen Sie für die Aktualisierung der Qualitätsstandards in Ihrem Unternehmen.
- Bereiten Sie Statements und so weit es geht Interviews vor.
- Neu hinzugezogene Experten aus den Unternehmen und Behörden werden auf relevante Themen vorbereitet:
  - Spediteur: Gefahrenguttransporte
  - Produktmanager: Verunreinigung einer Substanz
  - Chemiker: Gefahren eines explosiven Stoffs
  - Umweltexperte: Luftmessungen und Gefahrenstufen
  - Werksfeuerwehr: Brandmeister über Ursachen
  - Politiker: Ressort oder Belange des Ministeriums des jeweiligen Bundeslandes
  - Finanzmanager: Hintergründe der Korruption des Betriebsrates
  - Verlagsexperte: Betrug mit Insertionen von Mediaagenturen
  - Chirurg: OP-Sicherheiten in Deutschland
  - Werksschutz: Zaunsicherheit bei terroristischer Bedrohung
  - Tierpfleger: Haltung und Pflege von Versuchstieren

Check 5: Die Materialien

Formulieren Sie Pressetexte mit einem starken Titel und einer Hauptbotschaft. Gliedern Sie Ihre Pressemitteilung und nennen Sie die Ansprechpartner. Da Zeit für Sie und für die Journalisten knapp ist, schreiben Sie präzise und prägnant. Vermeiden Sie Werbesprache mit Werbebotschaften.

- Wählen Sie kurze, klare und verständliche Aktiv-Sätze als Schreib- und Sprachform:
  - Was ist passiert?
  - Wie ist die Stimmung?
  - Was war die Ursache?
  - Wer ist zu Schaden gekommen?
  - Wie sind die Folgen?
  - Was denkt das Unternehmen?
  - Wie geht es weiter?
  - Was gedenken Sie zukünftig zu verbessern?
- Lassen Sie Informationsmaterialien wie Pressemappe in Druckform mit dazugehöriger CD-Rom erstellen. Die Texte stimmen Sie mit dem Sprecher und ggf. der Geschäftsleitung, den zusammenarbeitenden Institutionen und Behörden ab. Bei vertraulichen Dokumenten beachten Sie bitte den Schreibschutz.
- Schriftliche Versionen werden durch Datum und Uhrzeit gekennzeichnet, falls geänderte Dokumente später in den Umlauf kommen.
- Lassen Sie vertrauliche Texte nicht im Kopierer oder im Fax liegen! Werfen Sie nichts in den Papierkorb, sondern benutzen Sie grundsätzlich den Aktenvernichter. Das ist Disziplin, die Ihnen unangenehme Situationen erspart.
- Sorgen Sie dafür, dass Zugangscodes für den Mailzugriff und gezielte Hintergrund-Informationen auf der Internetplattform eingerichtet werden.

- Fotos, Grafiken müssen erstellt und vervielfältigt bzw. mit Zugangscode für das Internet erstellt werden (Auflösung: 300 dpi für den Druck, 150 dpi für Fernsehbilder und 72 dpi für das Internet). Am Besten eignen sich CD-Roms zur schnellen Verfügbarkeit.
- Die Verteilung der Pressemappen muss dann vorab auf jeden Platz vorgenommen werden. Beim Empfang und beim Sprecher sind noch einige Exemplare auf Vorrat zu hinterlegen.
- Sorgen Sie für ausreichend Schreibutensilien und Blöcke für die Teilnehmer (mit Logo des Unternehmens).

Check 6: Der Ablauf

Koordinieren Sie den Programmablauf präzise. Sie wissen, die Zeit ist knapp und die Ungeduld auf beiden Seiten in einer Krise ist enorm gewachsen.

Stellen Sie folgende Punkte klar:

1. Wer begrüßt pointiert?
2. Wer verabschiedet zusammenfassend?
3. Eine Reihenfolge der Redner und Zuordnung der Experten-Themen ist erforderlich.
4. Der Rahmen für eine anschließende Diskussion innerhalb des Zeitmanagements der Pressekonferenz ist festzulegen.

Zeiten für eventuelle Interviews danach sollten Sie einplanen, denn die eine oder andere Frage wird noch auftauchen und spezielle Print- oder Sendeformate werden noch gesonderte Interviews ordern wollen.

Check 7: Die Einladungen

Die Einladung der Medien der Gattungen Drucksachen (Print), TV und Radio nach regionalen, überregionalen und internationalen Gesichtspunkten schließt auch das Sondieren von Fachpresse und bestimmten Sendeformaten ein.

- Die Ergebnisse der Einladungen sind für die Planungs- bzw. Durchführungsdaten zu überwachen und zu erfassen (die Verteilerlisten sind schon als Krisenprävention vorher festzulegen).
- Die Aussendung der Einladung erfolgt per E-Mail, Kurier und Fax mit einer Anfahrtsskizze, gegebenenfalls einem Parkschein und Stadtplan mit einer Übersicht der Übernachtungsmöglichkeiten. Vergessen Sie nicht das Beifügen von Antwort-Fax oder Antwort-Mail. Im Krisenfalle sollte vom Postweg abgesehen werden, da meist die Termine äußerst kurzfristig sind.
- Bei wichtigen Medienvertretern veranlassen Sie ein Nachtelefonieren.
- Bereiten Sie Teilnehmerlisten vor und lassen Sie Namensschilder für die Teilnehmer bereitstellen.

Check 8: Die Rahmenorganisation

- Dezentes Sicherheitspersonal sollte den reibungslosen Ablauf sichern.
- Stellen Sie Fahrer mit Pkw oder Kleinbussen bereit, sodass schnell noch Journalisten vom Flughafen oder Bahnhof abgeholt werden können.
- Die Techniker und Medienadministratoren sollten vorab einen Technik-Check durchführen (und auf Zuruf bereit sein, schnell Hilfe zu leisten oder Pannen zu beheben).

- Hostessen für den Empfang der Teilnehmer, zur Betreuung und Bewirtung sollten nicht fehlen.
- Besorgen Sie Dolmetscher und Simultanübersetzer, sofern ausländische Medien anreisen. Sie erleichtern die Kommunikation für alle Beteiligten ungemein.
- Ein Fotograf, eventuelle hauseigene Aufzeichnungen per Video sind für die spätere Dokumentation der Pressekonferenz von Vorteil.
- Stellen Sie Namensschilder auch für das Personal (Jacketanhänger) bereit.
- Ein Catering als kleiner Imbiss und Getränke sollten Sie mit einplanen und entsprechend Geschirr, Gläser und Besteck nicht vergessen. Eine Bewirtung sorgt meist für eine etwas ungezwungenere Atmosphäre und entkrampft den Krisencharakter. Schließlich ist ein Produktmanager, der am Tresen steht und ein Schnittchen mit dem Journalist isst, auch nur ein Mensch.

Check 9: Die Nachbereitung

- Die Nachbereitung als Gesprächsrunde mit den Durchführenden der Pressekonferenz sollte Ihnen am Herzen liegen. Wichtig dabei ist der Ist/Soll-Vergleich. Erste Ergebnisse und Kritiken können konstruktiv den weiteren Verlauf der Krisenkommunikation bestimmen.
- Die Aussendung aktueller Meldung unmittelbar nach der Veranstaltung an vorbereitete Verteiler muss sich anschließen.
- Sorgen Sie für das schnelle Einstellen der aktuellen Meldungen auf die Internetplattform. Das Internet als schnellstes Medium ist geradezu prädestiniert für diese Aufgabe.
- Der Versand von zusätzlichem Informationsmaterial je nach Anforderung muss ebenfalls von Ihnen mit bedacht werden.

- Eine vollständige Dokumentation der Pressekonferenz mit Sammlung des Presseechos sollte erarbeitet werden.
- Zufriedenstellende Informationen lösen die Gerüchteküche ab. Die Informationskampagne an die Mitarbeiter sollte von Ihnen rechtzeitig koordiniert werden.
- Ebenso müssen Kunden-, Lieferanten- und Behördeninformationen ohne Zeitverzögerung herausgegeben werden. Klarheit schafft Vertrauen.

Noch ein paar Tipps:

Bei der Auswahl der Podiumsteilnehmer achten Sie darauf, dass die Teilnehmer möglichst frei und markant sprechen können. Die Statement-Technik ist hier die vordergründige Disziplin zum Verdeutlichen der Kernbotschaft. Beachten Sie beim Sprechen, dass Sie Wirk-Pausen (kurze Sprechpausen) setzen, in denen Ihre Worte wirken können. Hastiges, fahriges, nervöses Sprechen wirkt unsicher und wird eher als Lüge wahrgenommen.

- Zeigen Sie Betroffenheit, wenn es um Verletzungen von unbeteiligten Menschen oder Ihren Mitarbeitern geht.
- Zeigen Sie Wege auf, wenn Arbeitsplätze in Gefahr sind und zeigen Sie Konsequenz, wenn es sich erwiesen hat, dass einer Ihrer Mitarbeiter sich selbst bereichert hat.
- Positionieren Sie Ihre Botschaft. Bleiben Sie sachlich und freundlich. Zeigen Sie Empathie und Teilnahme, Interesse und Offenheit.
- Konzentrieren Sie sich, wenn sie im Podium sitzen, doppelt so gut auf die Konferenz, denn alle Ihrer Bewegungen werden festgehalten- das Tuscheln mit dem Nachbarn genauso wie das sich an die Nase fassen.

Werten Sie das Presseecho nach der Pressekonferenz detailliert aus. Sie können danach Ihre Strategie ausrichten und wissen, wie Sie in der Medienlandschaft positioniert werden und welche Stellschrauben Sie noch betätigen müssen, um Darstellungen zu differenzieren.

Die Pressekonferenz kann ein großes Medienecho hervorrufen, das heilsam auf das Geschehen wirken kann.

Wenn Sie aufrichtig, aktiv und umsichtig agieren, die Fürsorge und die Verantwortung für die Menschen im Mittelpunkt stellen, kann eine Pressekonferenz wie ein heilendes Pflaster sein, das Blut stillt.

- ❖ *Nehmen Sie das Heilpflaster in Ihren Krisennotfallkoffer auf.*

Kapitel 6: Das Colloseum – Arena der Öffentlichkeit

„Nächste Woche wird es keine Krise geben. Mein Terminkalender ist schon voll!“

Henry Kissinger, Politikwissenschaftler und Politiker

Die Kommunikations-Instrumentarien

Brot und Spiele sind heute noch Volksbelustigungen, die mit dem täglichen Fernsehkonsum das Colloseum ersetzen können. Beim Arzt liegen bergeweise Illustrierte und an vielen Ecken wie Hotels, Flughäfen, Restaurants und öffentlichen Einrichtungen bekommen Sie eine Zeitung geschenkt. Information ist alles.

In Krisenzeiten allerdings muss die Information zugleich Bild-, Gefühls- und Sachinformationsträger sein. Medien sorgen für eine gewisse Kontinuität. Diese klug zu bedienen, unterlassen oft die Führungskräfte, wie wir es in der Bankenkrise erleben. Kontinuierliche Kommunikation mit internen und externen Zielgruppen verhindert im Falle einer Krise den Super-Gau. In diesem Kapitel wollen wir die Kommunikations-Instrumentarien beleuchten, die für Sie in der Krisen-Kommunikation intern sowohl als auch medienwirksam nach außen wichtig sind.

Schlagfertigkeit

„Schlagfertigkeit ist etwas, worauf man erst in 24 Stunden kommt“, sagte Mark Twain. Ob Sie schlagfertig sind oder nicht, kann darüber entscheiden, ob Sie schnell eine Situation für sich gewinnen können und die Lacher auf Ihre Seite bringen. Sind Sie nicht üppig mit Schlagfertigkeit ausgestattet, so können Sie sich einige Verhaltensmuster zu Nutze machen, um ebenso zu wirken wie ein Thomas Gottschalk oder ein Günter Jauch. Es gibt ein paar Tricks und Tipps dafür:

- Eigenhumor und der Sunnyboy-Effekt. Sie bleiben bei Angriffen ruhig und erwidern etwas Charmantes, so dass Ihr Gegenüber mit seiner Schärfe als unangebracht erscheint.
- Sie fahren eine Retourkutsche und benutzen Ihre Ironie zum Interpretieren ins Positive, so als hätten Sie eben einen Glücksmoment. „Tatsächlich, darauf hätte ich kommen sollen, so kann man es auch sehen ...“
- Sie wechseln die Ebene und fahren je nach Gebrauch in die Mikroebene – Metaebene und zurück: „Vor Jahren gab es einen ähnlichen Fall ...“
- Sie karikieren das Bild des Gegners und konfrontieren ihn mit anderen Aspekte und Sichtweiten: „ Nun dann wäre das die Geschichte vom Goldesel, wir reden aber hier von Investitionen ...“
- Wenn es Ihnen gelingt, die Sach- und Beziehungsebene zu differenzieren, können Sie einfach dahin zurück führen: „Sachlich gesehen, kann ich das Thema als ein rein Technologisches betrachten ...“
- Bewusst missverstehen Sie, um einzelne Ebene wechseln und angreifen zu können: Ich kann mir auch nicht vorstellen, dass Herr Seehofer Experte auf diesem Gebiet ist ...“
- Lachen Sie und dann sagen Sie: „der war gut, nun aber zur Sache ...“

- Sie können auch Gefühle verbalisieren: „Jetzt haben sie mich getroffen, das nehme ich persönlich ...“
- Sie können auch Inhalte paraphrasieren (mit anderen Worten wiederholen).
- Sie können auch das Gesagte spiegeln und dann kontern oder überzeichnen: „Sie denken, dass wir das nicht schaffen, aber der im Laufe dieser Woche entstandene Produktionsrückstand von rund 40 Fahrzeugen kann durch Sondermaßnahmen noch während des laufenden Quartals voll ausgeglichen werden.“

Schlagfertigkeit ist eine Frage der Vorbereitung. Wenn Sie sich mit allen Problemen, die durch die Krise entstehen können, auseinandersetzen, können Sie sich eine Menge Gegenargumente zurechtlegen, die Sie in ein geistiges Regal legen und bei Bedarf aus dem Gedächtnis abrufen können.

Manipulation und Durchsetzungskraft

Um manipulieren zu können, gilt der gleiche Vorbereitungsaufwand wie beim Thema Schlagfertigkeit.

1. Üben Sie sich im „aktiv Zuhören!“

   Aktiv zuhören heißt für Sie ungeteilte Aufmerksamkeit. Stimmen Sie ab und an zu (am Besten mit einem „Ja“, vermeiden Sie allerdings ein Dauernicken) und stellen Sie Konkretisierungsfragen, denn wer fragt, führt das Gespräch.

2. Verlieren Sie nie Ihre Ziele aus dem Blick!

   Bereiten Sie sich auf Ihre Zielformulierungen vor und bringen Sie diese alternativ als Botschaft ins Mediengespräch.

3. Überraschen Sie wie ein Überraschungsei.

   „Abenteuer, was zum Basteln und Schokolade.“ Abenteuer durch eine kleine spannende Geschichte. Sachkenntnis, anschauliches Wissens ist wie eine Bastelanleitung, und Ihre persönlichen Ansichten sind wie Schokolade. Je nach Thema bestimmen Sie den Kakaoanteil von süß bis bitter.

4. Wollen Sie souverän wirken, seien Sie freundlich, aber nicht höflich.

   „Ich habe das Gefühl, dass Ihre Angriffe sehr persönlich sind ...“

Wenn Sie im ethymologischen Sinne beeinflussen oder Einfluss ausüben, können Sie Meinungen, Einstellungen oder Handlungen in neue Informationsebenen führen. Im Sinne von Krisenkommunikation ist damit die Positivierung gemeint, da in jeder Krise auch eine Chance steckt.

Narrative Rhetorik

Das narrative Element ist die Erzählkunst – und erlebt im Medienjahrtausend eine Renaissance. Zuschauer, Zuhörer sowie Leser lieben Geschichten. Gerade Illustrierte benutzen narrative Elemente für ihre Reportagen. In der Krisenkommunikation kann dies auch ein Instrument für Sie sein, mit dem Sie in der Öffentlichkeit punkten, da Sie menschlich-authentisch wirken. Erzählungen, kurz, spannend, knackig in der SPO-Architektur (Subjekt, Prädikat, Objekt) verschaffen Ihnen sofort Zuhörer. Ein Beispiel:

„Die Versuchsreihe war zu Ende. Ich sah wie das Tier sich ängstlich an den Pfleger schmiegte. Es war wie ein Kind. Der Pfleger streichelte es, flüsterte ihm liebevolle Worte ins Ohr. Ich sah Geborgenheit im Gesicht des Tieres. Mein Gewissen meldete sich. Zwei Geister kämpften in mir. Was tun wir, fragte ich mich? Millionen Menschen haben wir mit diesem Präparat bereits geholfen. Der neue Wirkstoff verkürzt die Medikamentation. Eines Tages werden diese Versuche nur noch am Computer simuliert. Ich war froh. Ich war dankbar. Dankbar dem Tier gegenüber.“

In Krisen ist keine Zeit dafür, werden Sie sagen. Weit gefehlt, denn für Geschichten ist immer Zeit. Stellen Sie sich vor, Sie erzählen spannend vom heldenhaften Einsatz eines Feuerwehrmannes, der sich noch einmal in das brennende Gebäude begab, um die Eingeschlossenen über die vom Einsturz bedrohte Feuerleiter zu retten, oder Sie erzählen von den Gemütsbewegungen, als wieder ein Erpresserbrief in der Post Ihrer Sekretärin auftauchte ...

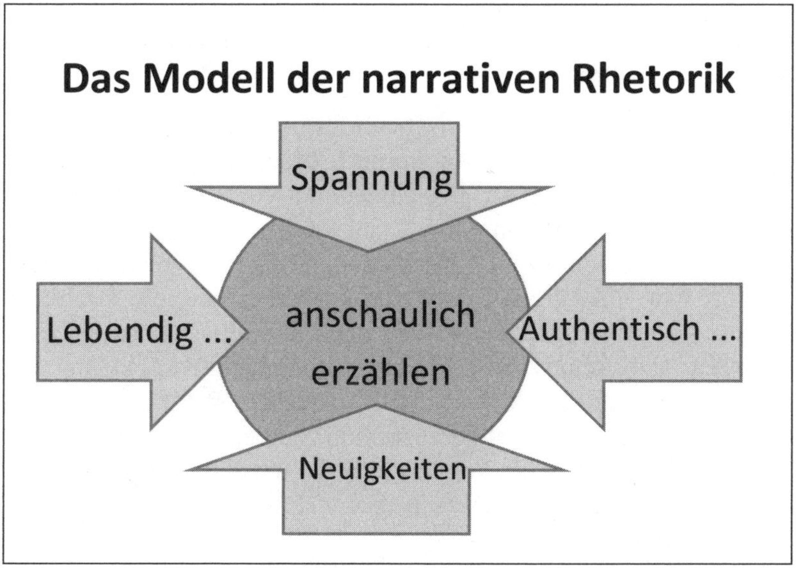

Abbildung 10: Die Einflüsse auf eine anschauliche Erzählform

Neuigkeiten, Gefühle, Lebensechtheit lebendig erzählt, lösen auf der emotionalen Ebene oft ein Verständnis für die sachliche Ebene aus. Spannend erzählen bedeutet, sprachliche Bildbeispiele, Metaphern und Assoziationen zu benutzen.

Ich habe für Sie einige der starken Wortbilder aufgeschrieben. Versuchen Sie damit mal eine Geschichte zu bauen. Der Spannungsbogen steigt, da Sie sofort das Kopfkino betreiben:

Trojanisches Pferd, Schwarzes Schaf, Schlafende Hunde, Heilige Kühe, Goldene Kälber, Pferde vor der Apotheke... Sie sind todmüde, fuchsteufelswild, himmelhochjauchzend ... das Auto war himmelblau, feuerrot, maisgelb ... Sie eilten im Sauseschritt und hatten einen Blitzgedanken ... Die Kellnerin brachte Ihnen eine Gaumenfreude ... reden wir Tacheles ... verbrannte Erde ... da gehen die Lichter aus ...

Unternehmenskultur inmitten von Informationsflut und Floskeln, abstumpfende Appelle oder korrekt besetzte Begrifflichkeiten zeigen neue Lebendigkeit. Die Erzählung wurde neu entdeckt, da der Weg der Übermittlung von Sachzwängen über die emotionale Ebene schneller zum Ziel führt als die Wiedergabe von abstraktem Wissen. Mit einer guten Erzählung motivieren Sie Ihre Publikum genauso wie Ihren Medienpartner, denn der hört genauso gern zu und freut sich, seiner Zielgruppe eine spannende Geschichte präsentieren zu können. Vorausgesetzt natürlich, die Kernbotschaft wird dabei auf den Punkt gebracht und Sie beginnen nicht im Urschleim. Eine Erzählung knackig wie ein Salat ersetzt ganze Zahlenkolonnen von Unternehmensdaten. Erzeugen Sie Spannung statt Langeweile.

Wie können Sie Ihre Eigenwirkung beeinflussen?

Nicht allein Ihr Gesagtes entscheidet wie Sie wirken. Zum *verbalen Ausdruck* wie Inhalt, Wissen und Informationen kommt zugleich der *paraverbale Ausdruck* hinzu. Dabei ist die Frage der Art und Weise Ihres Sprechens, Ihre Modulation, Ihre Pausen, Ihre Stimmlage entscheidend. Ergänzt wird Ihre Gesamtwirkung durch den *nonverbalen Ausdruck* in Form von Mimik und Gestik.

In der Vorbereitung auf Ihre Krisenkommunikation setzen Sie sich mit diesem Thema so auseinander, dass Sie zum einen fit für die Medien sind oder zum anderen einen „Sprecher“ wählen, der die Dreieinigkeit des Ausdrucks beherrscht und dabei authentisch und glaubwürdig wirkt.

Die Ausdrucksmittel

Verbaler Ausdruck

- Wortwahl (Formulierungen, Fremdwortgebrauch)
- Satzbau (Satzelemente, Struktur, Aktivkonstruktionen)
- Füllwörter und Floskeln („ähm“, „im Prinzip“)

Paraverbaler Ausdruck

- Sprachtempo (Pausensetzung, Geschwindigkeit)
- Stimmführung (Klang, Melodie, Tonhöhe)
- Artikulation (Betonung, Modulation)

Nonverbaler Ausdruck

- Körperhaltung (Stand, Bewegung)
- Mimik (Blickkontakt, Gesichtsausdruck)
- Gestik (Gesten, Hände, Arme)

Abbildung 11: Die Ausdrucksmittel von Sprache, Gestik und Körperhaltung

Sprachliches Geschick ist aber auch mit einer inneren Einstellung verbunden:

- Verbundenheit zum Unternehmen,
- Position zu den Mitarbeitern,
- Haltung zu den Leistungen des Unternehmens,

- Stellung zu programmatischen Inhalten,
- Eigene Ziele und Karriereaspekte.

Das heißt aber nichts anderes, als ein Stück Corporate Identity in sich zu tragen. Erfühlen Sie dabei Ihre Positionierung gegenüber Ihrem Unternehmen, Ihrem Arbeitgeber, Ihren Gesinnungsgenossen, denn Sie wissen, Gedanken werden zu Worten, Worte werden zu Taten usw.

Eigenwirkungen muss man beobachten und gegebenenfalls trainieren.

Damit Sie trainieren und sich ausprobieren können, empfehle ich Ihnen eine Übung: Lesen Sie eine Seite eines Ihrer Hausprospekte oder eine Seite Ihres Organisationsprogramms und dann geben Sie vor dem Spiegel das Gelesene mit eigenen Worten und Gesten in aller Mündlichkeit wieder. Sie werden sehen, dass Sie ungeahnte Kräfte entfalten.

Es gibt keine dummen Fragen

Interviews beispielsweise beginnen immer seitens des Journalisten mit offenen Fragen, da diese eine Entfaltung komplizierter Sachverhalte zulassen. Der Interviewer will Sie lockern, auftauen und ankommen lassen. Das löst Verspannungen in Ihnen und weckt Ihr Vertrauen. Im Laufe des Interviews, entweder aus Zeitgründen, für Stellungnahmen oder aus Informationssicht zur Bündelung werden die Fragen vom Journalisten geschlossen. Ihnen bleibt wenig Spielraum für Antworten, außer „Ja“, „Nein“ oder den in den Mund suggestiv gelegten Wörtern.

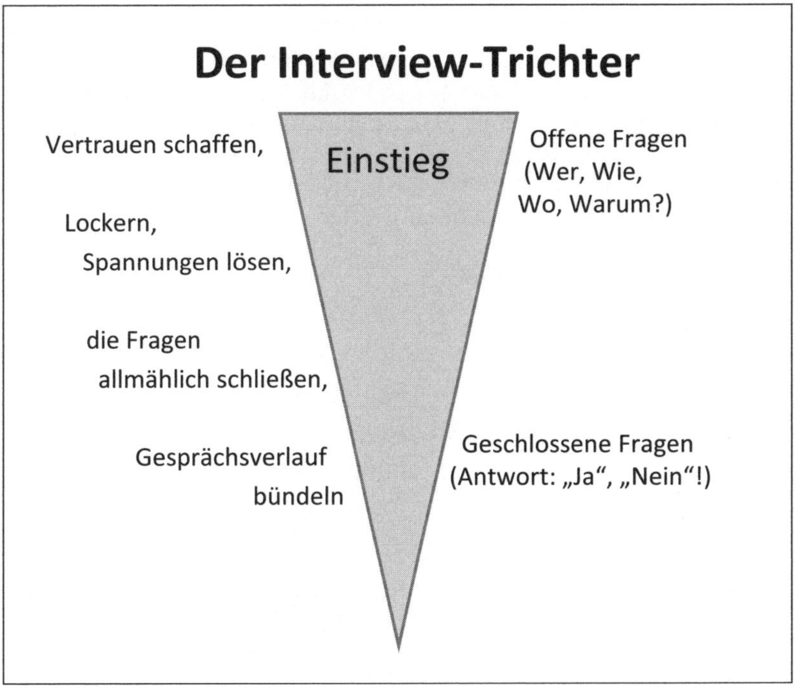

Abbildung 12: Frageformen am Beispiel des Interviews

Offene Fragen

Hier ein paar Beispiele, die die unterschiedlichen Frageformen verdeutlichen:

- *Motivationsfrage*: „Hat Sie das im Innern bewegt?“
- *Informationsfrage*: „Was halten Sie von dieser Lösung?“
- *Definitionsfrage*: „Sie nannten eben das Wirkungsprinzip. Was verstehen Sie darunter?“
- *Klärungsfrage*: „ Darf ich Sie so verstehen, dass ...?“

Offene Fragen haben offene Antworten zur Folge. Interpretationen, Glatteissituationen und Missverständnisse können dadurch für Sie entstehen. Bereiten Sie sich auf solche Fragen vor und legen Sie sich Antworten so weit es geht zurecht.

Geschlossene Fragen

Beispiele:

- *Ja/Nein-Frage*: „Fahren Sie mit dem Auto?“
- *Interpretations-Nachfrage*: „Bedeutet das für Sie, der Fall ist abgeschlossen?“
- *Alternativfrage*: „Riefen Sie um drei oder fünf Uhr an?“
- *Nachfrage*: „Sie werden das wirklich durchziehen?“
- *Skalierende Frage*: „Gehen Sie von 12 oder 14 Prozent aus?“
- *Rhetorische Frage*: „Sie wollen damit nicht sagen, dass ...?“
- *Mehrfachfrage*: „Wie wollen Sie den Betroffenen helfen? Was erwartet Ihr Betriebsrat von Ihnen? Wie stehen Sie zu der Situation?“
- *Indirekte Frage*: „Ich glaube, Sie haben da zu spät reagiert?“

Sollten Sie derart interviewt werden, dürfen Sie auch mal zurück fragen, um Zeit zu gewinnen oder die Motivation zu erfahren: „Ich verstehe Ihre Frage nicht?“, oder „Meinen Sie, dass der Staat versagt hat?“ Bei Mehrfachfragen suchen Sie sich eine aus. In bestimmten gefährlichen Situationen, in denen Sie das Gefühl haben, Sie werden wie ein Tanzbär am Nasenring vorgeführt, antworten Sie auf die Fragen nicht, sondern setzen Ihre Botschaft und Ihre Argumentation, die Sie vorbereitet haben, dagegen.

Provokative Fragen

Sie werden mit Themen „überfallen", Sie werden provoziert, dann versucht man das Gespräch zu manipulieren.

Beispiele:

- *Überfallfrage*: „Sie sind in aller Munde. Warum ist Ihr Image so fragwürdig?
- *Suggestivfrage*: „Werden Sie sich dem überhaupt entziehen können?
- *Unterstellungsfrage*: „Sind Sie nicht auch der Meinung, dass der Vorstand zurück treten muss?"
- *Konfrontationsfrage*: „Sie haben von Herrn X gesprochen. Ist nicht Herr Y der Verursacher?"

Oft setzen diese Fragen Inhalte voran, die eigentlich erst im Dialog geklärt werden sollten. Auch da gilt: Nicht die Frage wiederholen, sondern die eigene Botschaft dagegen setzen oder gar einen völlig anderen Aspekt einbringen.

Schweigen in kritischen Momenten bedeutet Krisen zu erschaffen

Die Pannen in Vattenfalls Kernkraftwerken stürzen das Unternehmen im Herbst 2007 in die Krise. Die Manager demonstrieren beispielhaft, wie wenig sich die Stromindustrie um die Belange von Bürgern und Behörden schert.

DIE ZEIT schreibt zum Fall Vattenfall: „Einen besseren Namen kann es für einen Energiekonzern kaum geben. Vattenfall, zu Deutsch: Wasserfall, das klingt nach Natur, sauber und ökologisch korrekt. Doch binnen weniger Tage ist Vattenfall zum Synonym für Störfälle, Ignoranz und einen miserablen Umgang mit der Öffentlichkeit geworden. Was am 28. Juni mit einem Transformatorenbrand im Kernkraftwerk Krümmel begann, hat sich für das Unternehmen zu einer veritablen Krise ausgewachsen. Einer Krise, die der gesamten Atombranche schadet.Viel zu lang hat Vattenfall wichtige Informationen über die Störfälle in Krümmel und im Kernkraftwerk Brunsbüttel zurückgehalten. Weil das Unternehmen die Einsicht in die Dienstpläne verweigerte und den Namen der verantwortlichen Werksmitarbeiter nicht preisgab, rückten Ende vergangener Woche sogar staatliche Ermittler an. Erst dann reagierte Vattenfall: Bruno Thomauske, Chef der deutschen Kernkraftsparte, musste ebenso gehen wie der Leiter der deutschen Konzernkommunikation. Nun soll eine Expertengruppe die Störfälle untersuchen ... »Die Empfehlungen der Gruppe werden wir lückenlos umsetzen“, kündigte Vattenfall an, getrieben vom Bemühen, »verloren gegangenes Vertrauen zurückzugewinnen«. Auch wolle man die Veröffentlichung einer Mängelliste zum Atomkraftwerk Brunsbüttel nicht länger verhindern. Für Zeichen des guten Willens könnte es zu spät sein. Längst geht es nicht mehr allein um die Frage, ob die Störfälle in den Atommeilern für Anwohner und Umwelt gefährlich waren oder nicht. Stattdessen offenbart die Krise bei Vattenfall, wie erschreckend unsensibel in den Energiekonzernen mit dem so sensiblen Thema Atomenergie umgegangen wird.“

Die Dramatik der Krise hat sich erst durch zu langes Abwarten, Verdrängen und Verschweigen in der ersten Phase entwickeln können.

Das „Greifbare" an Krisen ist die Vorbereitung darauf.

Das Agieren zu Beginn einer Krise bestimmt den gesamten Verlauf. Ein Störfall ist eine krisenhafte Erscheinung, kann aber eine Krise auslösen.

Die wesentlichen Weichenstellungen werden in den ersten Tagen des Ereignisses getätigt. Wir sehen am Beispiel von Vattenfall, dass die anfänglich unklare Kommunikation verfänglich wurde, sogar in dem Maße, dass es im Verlauf der Krise fast schon egal war, was geäußert wurde. Es wurde nur als Rechtfertigung verstanden, aber niemals als neue Fakten und Erkenntnisse gewertet.

Abbildung 13: Karikatur: Der Medienkonsument

Ein kongruentes Verhalten in der Krisenkommunikation ist ein Meilenstein für eine auf integrierte Kommunikation ausgerichtete Persönlichkeit.

Eine Kommunikationspersönlichkeit in der Krise ist aktiv, erkennt Krisenindikatoren und agiert sofort.

- ❖ *Packen Sie diesen Teil als Kunst des Überzeugens in Ihren Krisennotfallkoffer und benutzen Sie diese Instrumente zur Sensibilisierung in Ihrem Sprachbereich gleich ab heute.*

Kapitel 7: Wortbedeutung – sensibel kommunizieren

„Auf die Füße kommt unsere Welt erst wieder, wenn sie sich beibringen lässt, dass ihr Heil nicht in Maßnahmen, sondern in neuen Gesinnungen besteht.“

Albert Schweitzer, Theologe, Philosoph und Arzt

Krisen sind oft Kommunikationskrisen

Sie haben bestimmt schon einmal Ihre ganz persönliche Krise durchlebt: Beziehungskrise, Ehekrise, Karrierekrise, Krise mit Mitarbeitern oder in der Kindererziehung. Immer kam es auf Ihre Worte an, Krisen zu ent- oder zu verschärfen. Ihre Worte waren gesprochenes Gefühl, Erlebtes, Zahlenwerke, Standpunkte, im Zorn erwidert oder zielorientiert gesetzt.

Worte richten Unheil oder Versöhnung an, rufen Unverständnis oder Einvernehmen hervor. Worte sind Waffen oder sie entwaffnen. Es liegt allein an der Sprachführung, der linguistischen Empathie, die Sie Ihrem Gegenüber oder Kontrahenten entgegen bringen. Ein Beispiel, das diese Problematik am Besten deutlich macht:

Ein Ehepaar streitet. Er sagt: „Immer verletzt Du mich!“. Worauf sie erwidert: „Du mit Deinem Generalismus, Deinen ewigen Vorwürfen, Du machst mich krank!“ Sicher ist dann ein noch gewichtiger Vorwurf entgegengeschleudert worden und so nimmt die verbale Verletzung ihren Lauf zum Höhepunkt. Die Porzellanindustrie bekommt Aufträge und die Papiertaschentücherindustrie gewinnt an Absatz. Wie hätte es geklungen: „Ich fühle mich verletzt!"? Der Rückzug auf die eigene geschundene Gefühlswelt statt eines Vorwurfes hätte das Gespräch sicherlich positiv verändert. Das Beispiel sagt uns, wie bedeutungsvoll die Wortwahl ist und wie wichtig es ist, in Krisen bestimmte Gesetzmäßigkeiten der sprachlichen Auseinandersetzung zu beachten. Worte wiegen schwer. Sie produzieren Bilder im Kopf und ummanteln sich mit einer Bedeutung.

Ausdruck und Wirkung in gleichzeitigem Zusammenwirken beschreibt der Psychologe Schulz von Thun damit, dass Sender und Empfänger in der Balance der beiden Pole die geglückte Kommunikation sehen. Paul Watzlawick sagt: „Jede Kommunikation hat einen Inhalt- und einen Beziehungsaspekt, derart, dass letzterer den ersten bestimmt und daher eine Metakommunikation ist."

Damit ist der Inhalt einer Mitteilung Information und Emotion, nämlich wie ein Sender von seinem Empfänger verstanden werden möchte. Jede Kommunikation zeigt somit eine persönliche Stellungnahme des Senders zum Empfänger.

Bedenken Sie, in der menschlichen Kommunikation besteht die Relation zwischen Inhalts- und Beziehungsaspekt. Der Inhaltsaspekt vermittelt die Information, der Beziehungsaspekt zeigt wie die Information aufgenommen werden sollte. In der Krisenkommunikation kommt zu diesem Aspekt noch die emotionale Aufladung einzelner Wörter hinzu. Um dies zu verdeutlichen, ein erlebtes Beispiel, das ich Ihnen unbedingt erzählen muss:

In einer Pressekonferenz nach einem Werksunfall, Säure war aus einem geschlossenen System ausgetreten, sprachen alle Beteiligten von einem Unfall, seitens der Werksleitung sowie der Presse, bis der Technische Direktor plötzlich äußerte, dass die Betriebsfeuerwehr „die Katastrophe voll im Griff hat." Ab diesem Moment änderte sich die Stimmung schlagartig. Die Journalistenfragen wurden bohrender, die Betriebsamkeit der Werksleitung, das Wort „Katastrophe“ zu bagatellisieren, nahm sichtlich zu. Nervosität plötzlich auf beiden Seien und ein zunehmendes Misstrauen seitens der Presse war deutlich zu vernehmen. Fragen, die schon die Form eines Angriffes hatten, wurden mit Rechtfertigungen und mit nochmaligen Erklärungen niedergekämpft. Das Klima war vergiftet wie der Boden, in den die Säure geflossen war: „Haben Sie den Unfall kleingeredet? Ist der Schaden größer als ein Unfall? Ist der kontaminierte Boden eine Katastrophe mit Folgeschäden? Was bedeutet das für das Grundwasser der Stadt? Kam es zusätzlich zu Verunreinigungen der Luft? Sind die staatlichen Stellen auch in diesem Umfang informiert worden?“

Das Wort Katastrophe klang wie ein unmittelbarer Rechercheauftrag für die Journalisten und Fernsehteams. Als dann im Laufe der Pressekonferenz noch der Satz fiel, dass die Manager des Unternehmens eine genaue Untersuchung des Vorfalls angeordnet haben, brannte die Luft. Was war passiert? Zu allem Übel hatte der Pressesprecher noch das Wort Manager in distanzierter Weise gebraucht und damit den Unmut der geladenen Journalisten geschürt.

Gefühlte Sprache

Die Humboldt-Universität Berlin hat unter Diplompsychologe Tobias Schröder eine Untersuchung von Wortbedeutungen durchgeführt.

Er hat dieses Forschungsprojekt „Magellan-Studie“ genannt. Die Untersuchung unterscheidet vordergründig:

- Denotation (Hauptbedeutung eines Wortes),

  sachliches, inhaltliches, definitorisches Wissen und dessen explizite Bedeutung und

- Konnotation (Nebenbedeutung eines Wortes),

  die Assoziationen, Gefühlsaspekte und deren implizite Bedeutung beinhaltet. Aus der Messung der „gefühlten Wortbedeutung“ für den Grundwortschatz in verschiedenen Sprachen/Kulturen lassen sich für die Krisenkommunikation Wortbedeutungen für den Medienauftritt hierzulande ableiten.

  Drei (angeborene?) Gefühlsdimensionen in allen Kulturen wie

  - **E**valuation: gut, angenehm versus schlecht, unangenehm;
  - **P**otenz: groß, kraftvoll versus klein, zart und
  - **A**ktiviertheit: schnell, lebhaft versus langsam, ruhig werden durch evolutionsbiologische Begründung erhellt.

Sprache vereint folgende Eigenschaften:

- Sprache hat einen Gefühlsanteil.
- Gefühle lassen sich messen.
- Sprachliche Gefühle sind kulturspezifisch.
- Über sprachliche Gefühle bilden sich soziale Rollen.
- Sprachliche Gefühle beinhalten Kulturwissen.

Was können Sie daraus schließen? In der Auseinandersetzung mit der Öffentlichkeit ist die vielzitierte Goldwaage das Maß für die Kraft der Worte. Wie bedeutungsvoll bestimmte Wörter aufgeladen sind, entscheidet über den Kontext der Wirkung, der Glaubwürdigkeit und der Pragmatik. In der Vorbereitung öffentlicher Auftritte ist vorher genau abzuwägen, wie der Wortlaut unverfänglich von Ihnen zu gestalten ist und welche Reizwörter vermieden werden müssen.

Ich denke dabei an ein Beispiel: Entscheidung versus Entschluss

- „Der Pharma-Manager traf die Entscheidung, dass das Medikament vom Markt genommen werden muss.“

- „Der Pharma-Manager kam zu dem Entschluss, dass das Medikament vom Markt genommen werden muss.“

Schauen Sie sich die Grafik in Abbildung 14 an, so wird die unterschiedliche Bedeutung der Wörter klar, obschon sie eine gewisse semantische Verwandtschaft haben. Das Beispiel soll Ihnen aufzeigen, wie im Vorfeld von Krisensituationen schon mit Wörtern und Wortbedeutungen umgegangen werden sollte. Und zwar, in dem man unterschiedliche Worte oder gebräuchliche Begriffe auf den Prüfstand stellt.

Nehmen Sie den Begriff „befremden“. Er bedeutet laut diverser Lexika der Synonyme das in Verwunderung setzen, das Staunen erregen, zu denken geben. Vergleichen Sie alle drei Bedeutungen, so sind sie doch nicht deckungsgleich, denn zwischen staunen, wundern und denken liegen allein in der Denotation Welten.

Sprachfühlen Sie selbst mit folgenden Begriffen:

- Obhut (Fürsorge, Schutz, Protektion)
- Profan (unheilig, nicht kritisch, gewöhnlich)
- Dokument (Schriftstück, Urkunde, Unterlage)

Sie werden feststellen, dass sich diese Wörter in ihren einzelnen Bedeutungen unterschiedlich „sprachfühlen“, denn eine Urkunde hat mehr Gesicht als ein Schriftstück. Die Urkunde ist von Dritten bekundet, womöglich gesiegelt und unterschrieben. Sie ist ein Faktum, während ein Schriftstück alles sein kann. Sprachfühlen heißt, sich präzise ausdrücken und das ist innerhalb der Krisenkommunikation oftmals entscheidend, da präzise Formulierungen den Interpretationsspielraum der Medien und der Öffentlichkeit verkleinern

„Magellan" -Studie

Worte	Denotation	Konnotation
Entscheidung	Entschiedenheit - ist überzeugt - konsequent - endgültig /aktiv	Entscheidungsträger - kompromisslos - Fachkompetenz - Machtmensch
Entschluss	Entschlusskraft - wurde überzeugt - Ansatz/Möglichkeit - vorsichtig passiv	- wägt ab ... - offen für Argumente und Zweifel, setzt Selbstzweifeln ein Ende

Abbildung 14: Wortgewichtung

Da in Krisen meist keine Zeit mehr dafür bleibt, sollten in den Unternehmen bereits Vorformulierungen getroffen werden. Die simulierte Pressekonferenz im Vorfeld bei Krisenstabsübungen oder Trainings bringt solche verbalen Desaster zum Vorschein und erzielt damit einen sehr hohen Lerneffekt. Vorformulierungen über Wirkstoffe, giftige Substanzen, Arbeitsplatzabbau, menschliches Versagen, technisches oder elektronisches Versagen, Umweltverunreinigungen, Produktionsverlagerungen etc. sollten vor jeder Krise von Ihnen untersucht und durchgespielt werden.

Als Krisencoach spreche ich hierbei vom „wirkungsvollen Kommunizieren." Das erfordert eine Auseinandersetzung mit Sprache, mit Begrifflichkeiten und mit deren Stimmungserzeugung.

Welche Botschaft hat ein Wort?

Stellen Sie sich vor, Sie sind der Kommunikationsverantwortliche im Unternehmen, der Organisation oder einer Partei. Sie sind derjenige, der dafür sorgt, dass alle im Unternehmen eine Sprache sprechen.

Er ist der „Herr der Worte und Unworte". Sie legen zugleich auch fest, nach welchem Fahrplan Wörter im Kontext eingesetzt werden dürfen und welche auf dem Index stehen. Sie untersuchen die Bedeutung der Wörter und Wortverbindungen. Sie analysieren Stärken oder Schwächen, Sie negieren oder positivieren Unternehmensbegriffe. Das bedeutet Verantwortung. Hierzu können Sie sich auch eines Spezialisten bedienen, der Ihnen die Texte untersucht nach Kongruenz und Wortbedeutungen in der Denotation und Konnotation. Auch den „Verschleiß" von bestimmten Wörtern bedenken Sie mit.

Welche Gefühlsanteile lassen sich in den Worten Konflikt, Unfall, Krise finden? Wie hören sich folgende Begriffe unter dem Aspekt der Bildersprache an: Konfliktfähigkeit, Freigabe von Arbeitsplätzen, Inflationsindex, Reformpolitik, Tod aus dem Wasserhahn, Risiko-Kommunikation, Moralverträglichkeit, Killergrippe, Disharmonie, Störfallserie ...?

Folgende Überlegungen, auch hinsichtlich Beziehungsebene und Sachinhalten spielen dabei für Sie eine Rolle in Ihrem sozialen Umfeld:

1. Maß einer Information nach Maß der Eindeutigkeit

Wissen ist nicht aus der Befürchtung heraus zurück zuhalten, dass andernfalls ein Vorsprung vor den Mitarbeitern verloren geht oder die Gelegenheit für ein „Du" mit dem Chef noch nicht gekommen ist.. Schlecht informierte Mitarbeiter sind unzufriedene, nicht leistungsfähige Mitarbeiter und das „Sprechen mit einer Sprache" nach außen funktioniert nicht mehr. Zurückgehaltenes Wissen nach innen kann Ihre Krise verstärken. Zurückgehaltenes Wissen nach außen kann ihre Krise beeinflussen, abhängig von den Inhalten des Wissens: Innovationsstau, Schlamperei, Undichtigkeiten ...

2. Informationen werden nicht verständlich gegeben

Fachchinesisch und Expertendeutsch sind die häufigsten Ursachen für Unverständlichkeit. Sprechen Sie daher die Sprache der Zielgruppe. Untersuchen Sie Fachbegriffe nach ihrer Wortbedeutung und ihrer Wirkung. Beispiel: Gefahrenklasse, Explosionsradius, Elektronikversagen ...

3. Konfliktträchtige Themen ausblenden

Über unangenehme Dinge zu sprechen fällt uns häufig nicht gerade leicht. Trotzdem ist es unabdingbar, Kommunikationsprobleme bzw. Missverständnisse anzugehen: „Beziehungsfragen stehen vor Sachfragen". Versäumen Sie es, Konflikte im Vorfeld zu lösen, überlagern diese häufig die Sachprobleme. Denken Sie nach über Herdprämie, Klimawandel, Politikverdrossenheit, Wahlbetrug, soziale Verträglichkeit ...

4. Alles eine Bagatelle

Die Situation, in der Sie Ihrem Vorgesetzten Ihr Problem schildern und er derweil sein Telefonverzeichnis sortiert und nur mit einem Ohr zuhört, haben Sie bestimmt schon mehrmals durchleben müssen. Irgendwie merken Sie, dass er Sie nicht ernst nimmt. „Ja, lieber Kollege, darüber können wir morgen auch noch sprechen", ist seine Reaktion. Geht es um Krisenkommunikation, gibt es kein Aufschieben und bagatellisieren: Diätenerhöhung, Zwangsmaßnahme, mutmaßlicher Terrorist, Autonome, Populist ...

5. Killerphrasen killen mehr als man denkt

„Das haben wir immer so gemacht." oder „Das ist doch Theorie, in der Praxis läuft das nicht." Legen Sie diese Sätze auf die Goldwaage, landet die Krise in der Katastrophe. Sensibilisieren Sie Ihre Mitarbeiter und Ihren Krisenstab, denn gute Ideen und neue Ansätze sind gefragt. Stellen Sie sich selbst die Frage nach Feinfühligkeit und Eindeutigkeit der Wörter. Nehmen Sie sich einen externen Berater, der Ihre Sprachwahl für die Krise kritisch unter die Lupe nimmt.

6. Englische Begriffe: Vorsicht vor Fast-Food-Sprache

Englische Begriffe überlagern oft die viel präzisere Wortwahl, die in der deutschen Muttersprache möglich ist. Sie klingen international, verwässern dennoch unser Sprachgefühl. Werbeagenturen haben oft Texter, die nur von sich selbst behaupten, welche zu sein. Kommen diese mit Ihrer Muttersprache nicht weiter, „denglischen" sie ohne Schamrot zu werden. So wurde aus der Handtasche von Gucci ein Bodybag. In Deutschland wurde das widerspruchslos übernommen. Die Engländer hingegen lachten herzlich über Gucci, denn Bodybag ist ein Leichensack. Derartige Beispiele gibt es jede Menge. Mein Tipp: bleiben Sie verständlich, denn ein Shareholder-Value ist einfach ein Aktionärsnutzen. Ihre Mitarbeiter sind keine menschlichen Rohstoffressourcen wie Human Resources. Nehmen Sie Sprache ernst und fühlen Sie muttersprachlich, denn laut Tobias Schröder ist ein Manager in Deutschland differenzierter in der Gefühlswertung als in den USA. Orientieren Sie sich beispielsweise an Porsche. Porsche fördert speziell die deutsche Sprache. Die Leser der Zeitschrift „Deutsche Sprachwelt" haben Porsche zum „Sprachwahrer des Jahres 2007" gewählt. Porsche unterstützt auch ein langfristig angelegtes Projekt in Kooperation mit dem Goethe-Institut, um die Attraktivität von Deutsch als Fremdsprache weltweit zu steigern.

Der Semiotische Ansatz

Unternehmen und Institutionen setzen Zeichen. Wir hören Zeichen, lesen Zeichen und sehen Zeichen. Manche bleiben uns verschlüsselt oder fremd, andere legen wir aus, interpretieren sie oder gleichen sie mit unseren soziodemografischen und psychologischen Mustern ab.

Ich gebe Ihnen ein geniales System an die Hand, womit Sie Ihre Kommunikation aufbauen und auch überprüfen können. Aristoteles, griechischer Philosoph und Schüler Platons, hatte bei seiner Feststellung, dass der Mensch bei einem Zeichen eine Seelenregung verspürt, den Ursprung für die Lehre der Zeichen (Semiotik) gelegt.

Die Semiotik unterscheidet drei Ebenen. Die Syntaktik (Darstellung) als erste Ebene untersucht Zeichen und Zeichenkombinationen, die in Bezug zueinander stehen, die Formations- und Transformationsregeln wie Ausdrucksformen, Gliederungen, Kompositionen. Welche Beziehung haben Zeichen zu anderen Zeichen. Die Semantik (Bedeutung) untersucht die Beziehung zwischen Zeichen und Gegenständen, für die die Zeichen stehen können, das heißt für deren Inhalte und Bedeutung hinsichtlich der Anwendung. Die Pragmatik (Wirkung) als dritte Ebene untersucht die Beziehung der Zeichen zu ihrem Interpreten vom Appell bis zur Provokation in der Wechselwirkung des Benutzers und der Situation.

Diese drei Untersuchungen, Darstellung, Bedeutung, Wirkung können Sie im Umgang mit sprachlichen Formulierungen für Statements und Interviews, Talkrunden, Vorträge und Podiumsdiskussionen genauso anwenden wie im Bereich von Präsentationen, Bildern und Texten von der Überschriftgestaltung bis zum letzten Satz eines Schlussappells.

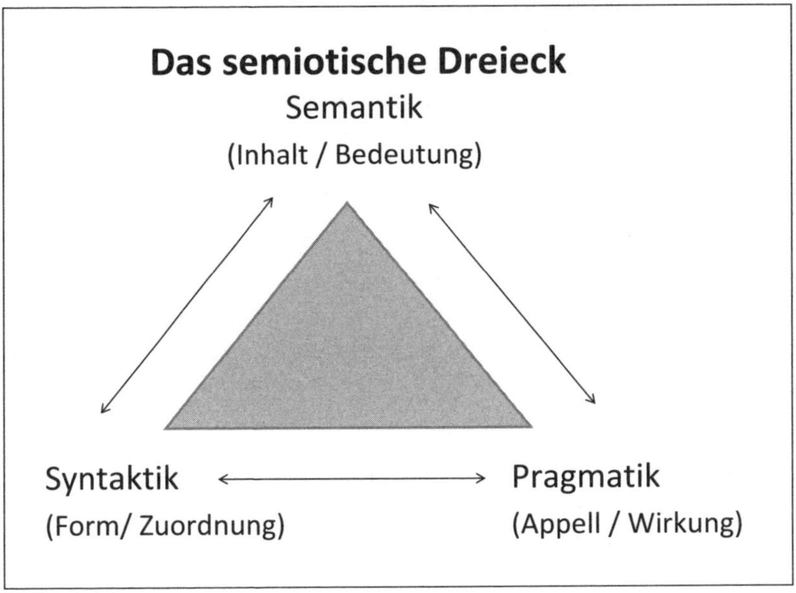

Abbildung 15: Die Ampel in der Sprache

Ein Beispiel für die Anwendung des semiotischen Dreiecks

Der STERN veröffentlichte im März 2008 unter der Überschrift: „Stasi-Methoden bei Lidl" einen Text aus der Überwachungsserie durch Detekteien bei Lidl: „Mittwoch 14.15 Uhr, Frau C. und Frau S. verlassen die Filiale um zu einer Schulung nach Braunschweig zu fahren. Beide äußern sich negativ über die anberaumte Schulung. Sinn und Zweck wurden nicht verstanden; beide hoffen, dass die Zeit schnell rum geht, aktive Mitarbeit an der Schulung lehnen beide bereits im Vorfeld ab."

Untersuchen wir diese Überschrift: Stasi-Methoden bei Lidl

- Syntaktik: Stasi als starkes Wort wird verstärkt durch Stasi-Methoden in Bezug auf die Marke Lidl.
- Semantik: Stasi steht für Unrechtsstaat, kommunistische Diktatur und Überwachung. Stasi-Methoden bedeuten die skrupellose

Verletzung der Intimsphäre, das Ausspionieren der Einstellung, der Motivation und der „Denke" der Zielpersonen.

- Pragmatik: Fassungslosigkeit, Beschämung, Lidl-Abscheu, Misstrauen in die Marke und deren Produkte, Solidarität mit den Opfern und letztendlich die Frage: Wozu geben sich Menschen her?

  Hätte die Überschrift nur „Überwachung der Mitarbeiter bei Lidl" gelautet, wäre die Schwere des Falls in puncto der Stasiwillkür, des Ungeistes der Spitzel, der Maßlosigkeit der Maßnahmen und der Denunzianten-Akribie dieses Discounters und seiner Detektive verwässert und die appellative Wirkung zu schwach ausgefallen.

Legen Sie sich eine Wort-Goldwaage auf der Zunge zu, die die emotionale Aufladung von Wörtern und deren Wahrheitsgehalt misst. Das bedeutet nicht, dass Sie Euphemismen verwenden. Das wäre ein fataler Schluss.

Sensibel kommunizieren heißt, sich die Wortbedeutungen zu erschließen und nicht das Feld denen überlassen, die alles „Peanuts" finden, die statt Rücktritt von einer „Delle" pfälzern, die wegen des Shareholder-Value Tausende Menschen entlassen, die sich blind machen für klare Sprache und sich hinter Floskeln, die politicaly correct sind verstecken, um keine Verantwortung übernehmen zu müssen.

Misstrauen Sie den Schwätzern, die Worthülsen vor sich hertragen, die denglische Begriffe erfinden, um zu verbergen, dass es ihnen nur um Pöstchen, Pensionen und Zuwächse in die eigene Tasche geht.

❖ *Eine Wort-Goldwaage gehört in jeden Krisennotfallkoffer. Legen Sie das Medikament gegen Lügenviren gleich daneben. Damit Sie selbst nicht in Versuchung geraten und andere entlarven können.*

Kapitel 8: Die politische Krise – Dauerbrenner in Deutschland

„Innenpolitik ist die Kunst, verschiedene Meinungen unter einen Hut zu bringen, der kein Helm ist.“

Hans Henny Jahnn, Schriftsteller des Magischen Realismus

Politische Krisen sind meist auch Kommunikationskrisen

Reden wir von politischen Krisen, müssen wir zugleich von Kommunikationskrisen sprechen. Entweder ist die Kommunikation zwischen Regierung und Volk Störungen unterworfen, dann haben wir einen revolutionären Zustand, oder die Kommunikation ist nur einseitig, dann haben wir eine Diktatur. Ist die Kommunikation beidseitig lebendig, so können wir von einer jungen Demokratie ausgehen. In unserem Fall sprechen wir von einer alten Demokratie, in der die Kommunikation zwischen Volk und Regierung sich verbraucht hat und verschlissen wurde.

Einige, in dieser Demokratie haben die Kommunikation aufgekündigt. Gemeint sind die „Politikverdrossenen.“ Andere reden wieder lebhafter in Verbänden und Wählergruppen, da diese sich Gehör verschaffen wollen um rettend einzugreifen. Eine Gruppe hingegen redet mit verschleiertem Inhalt, das sind die Politiker, früher mal als Volksvertreter gewählt, heute Berufspolitiker mit verspieltem Vertrauen des Volkes, aber mit dem Mandat der jeweiligen Partei.

Das Ansehen der Politiker

Das Ansehen der Politiker ist so schlecht wie noch nie, schrieb der Autor Dr. Franz Solms-Laubach in der WELT am 29. Februar 2008:

Eine Umfrage zeigt: Nur sechs Prozent der Bevölkerung haben besondere Achtung vor Berufspolitikern. Sonderlich beliebt waren Politiker in diesem Land noch nie, und ein Übermaß an Respekt vor dem Stand der Volksvertreter war ebenfalls nicht zu konstatieren. Doch nun, im Umfeld der jüngsten Landtagswahlen mit ihren harschen Tönen und der aktuellen Debatte über vermeintliche oder echte Wortbrüche, zeigt die aktuelle „Allensbacher Berufsprestigeskala 2008" das ganze Ausmaß der Misere: Nach der Erhebung des Allensbacher Instituts für Demoskopie ist das Ansehen der Berufspolitiker auf dem niedrigsten jemals gemessenen Stand. Einen Höhepunkt des allgemeinen Ansehens von Politikern gab es Anfang der Siebzigerjahre. Damals bekundeten immerhin 27 Prozent der Westdeutschen ihren besonderen Respekt vor dem Politikerberuf.

Nur noch sechs Prozent haben Achtung vor Berufspolitikern

Zurzeit tun das nur noch sechs Prozent der Befragten in Westdeutschland und sieben Prozent in Ostdeutschland... Schuld an diesem durchaus dramatischen Ansehensverfall sind nicht allein die undankbaren Wähler. „Es sind wohl die fortwährenden Streitereien in der Politik, die das Image des Berufsstands nachhaltig zerstört haben", sagt Edgar Piel vom Allensbacher Institut für Demoskopie. Mehr noch als ein Zeichen für Politikverdrossenheit sei das Ergebnis der Umfrage jedoch ein Zeichen für Politikerverdrossenheit... Auch Kerstin Plehwe, Vorsitzende der Initiative

Pro Dialog, hält die nachlassende Glaubwürdigkeit der Politiker für eine Hauptursache der wachsenden Politikverdrossenheit: „Die Wähler verlangen heute ein deutliches Mehr an Authentizität von den Politikern, die sie wählen. Sie messen einen Politiker nicht zuletzt an seinen eingehaltenen Versprechen.“ Da sei ein möglicher Wortbruch wie im Falle der SPD und der Linken in Hessen wenig hilfreich. „Die Bürger werden immer skeptischer. Damit müssen Politiker proaktiv und konsequent umgehen – sonst bleiben Menschen den Wahlen fern ... Dafür ist es wichtig, die Kommunikation mit den Wählern nicht nur auf den Wahlkampf zu beschränken, sondern diese bereits während einer Legislaturperiode kontinuierlich zu verfolgen,“ lautet Plehwes Rezept, um dem Trend entgegenzuwirken.

DIE WELT hat Wortbrüche durch Politiker zusammengetragen. Hier ein Auszug: „Tricksilanti“ und „Lügilanti“, solche Spitznamen kursierten für die hessische SPD-Chefin Andrea Ypsilanti. Der Grund: Sie erklärte vor der Wahl, sie werde nicht mit der Linken zusammenarbeiten. Nach der Wahl erklärte Ypsilanti, sie wolle sich mit Hilfe der Linken zur Ministerpräsidentin wählen lassen, was eine Zusammenarbeit bedeutet. Ein unterstützter Wortbruch durch SPD-Chef Beck.

Worthalten gehörte auch zu den Problemen von Gerhard Schröder. Als er 1998 Kanzler wurde, versprach er, die Arbeitslosigkeit in Deutschland deutlich zu senken, doch das Gegenteil war der Fall.

Norbert Blüms (CDU)-Spruch bleibt unvergessen: „Die Rente ist sicher“, sagte Norbert Blüm ein ums andere Mal. Der langjährige Arbeitsminister beharrte stets darauf. Doch was die heute jungen Deutschen im Rentenalter aus der Staatskasse erwarten können, ist mehr als ungewiss.

Würde man diese Erfahrungskette weiterführen, käme man automatisch auf das „Mäntelchen im Wind“ der FDP, auf die burschikosen Grünen, die heute auch die Spitzenverbrauchsstaatskarossen von A8 bis S-Klasse jeder Bescheidenheit vorziehen, aber einen kleinen Toyota empfehlen, der bei seiner Herstellung und Verschrottung mehr Sondermüll erzeugt als ein Jeep Wrangler von Chrysler. Nicht zuletzt wird uns schmerzlich bewusst, dass die Selbstbedienung, die eigenen Diätenerhöhungen und hoch dotierte Aufsichtsratspöstchen quer durch die Parteienlandschaft unserer, von uns gewählten Volksvertreter nur ein Teil der Gier zur Macht darstellt. Wo Konventionen und Grundsätze einer Gesellschaft nichts mehr wert sind, sind auch die Volksvertreter wertlos.

„Es ist noch keine Lüge, wenn man nicht immer alles sagt, was wahr ist", so Thilo Sarrazin, Berlins Finanzsenator.

Sehen wir einmal von den vielen schwarzen Schafen ab, die wesentlich zu einer Politikverdrossenheit (welch ein Wort für Leute, die aus der demokratischen Verantwortlichkeit mangels Vertreter ihrer Interessen ausgetreten sind) beitragen, so können wir vor allem eine Kommunikationsverdrossenheit feststellen. Ich bin kein Politikwissenschaftler, aber als Semiotiker und Kommunikationstrainer, betrachte ich die Fehler in unserem Land aus kommunikativer Sicht, nicht aus der sozialromantischen Sicht der Gutmenschen, nicht aus der fundamentalistischen Sicht der 1968er und nicht aus der selbst gebastelten Sicht der Spießer, die ihre Ruhe haben wollen und nichts tun als vor sich hin jammern, und auch nicht aus Sicht der ewig Gestrigen.

Begriffe ersetzen komplexe Lügen

Nehmen wir uns beispielsweise eines sprachlichen Begriffs an: Reform (lat. für re zurück; formatio Gestaltung: Wiederherstellung). Das Wort erscheint schon in den Paulus-Briefen der Bibel, später auch in Zusammenhang mit der kirchlichen Reformation zur Zeit Martin Luthers und meint eine große Umgestaltung eines Systems, weil das bisherige System so nicht mehr funktionieren kann. Da heute Reformen angesichts leerer Staatskassen und hoher

Verschuldung gemacht werden, geht man vom Gefühl aus, dass Reformen Systeme schlanker machen und finanzielle Erleichterungen für den Staat und seine Bürger bringen. Weit gefehlt. Die Wahrheit sind Modelle, die nicht mal die Politiker selbst verstehen. Gesundheitsreform, Steuerreform, Schulreform usw. sind nichts anderes als Preis- und Beitragserhöhungen. Hinter dem Wort einer Reform können Politiker alles verbergen, was nicht zukunftstauglich ist. Ich erinnere an die dreistufige Ökosteuer, über die heute nicht mehr gesprochen wird. Hat sie nicht zusätzlich den Treibstoff und das Heizöl drastisch verteuert? Können nicht heute Politiker unter dem Deckmantel des Klimawandels diktatorische Strategien zur Geldgewinnung zu Gunsten der Staatseinnahmen durchdrücken? Bei all diesen Zwangsmaßnahmen und der Kriminalisierung von Gruppen wie Autofahrer, Vielflieger, Besserverdienende etc. fragen wir uns zu Recht, wo bleiben die Gegenstimmen? Wo bleibt der gesunde Menschenverstand? Wo bleibt das Gewissen und die Moral? Der Wirtschaftsphilosoph Gerd Habermann schrieb: „Während die einen mehr und mehr für den Fiskus arbeiten, leben die anderen auf seine Kosten. 60 Prozent der Wahlberechtigten sollen inzwischen so oder so vom Staat leben."

Welche Partei vertritt die Leistungsträger in unserer Gesellschaft?

Automatisch kommen wir dabei einem Grundübel der Kommunikation auf die Spur: Political Correctness

Der moderne Maulkorb sei moderat

Political Correctness besteht darin, dass wir Individuen sind, die eigentlich nichts anderes wollen als Friede, Freude, Eierkuchen und ungestörtes Plündern des Selbstbedienungsladens Deutschland. Auch Fanatismus, Fundamentalismus und Gewalt sind laut gutmenschlicher Attitüde in „Wahrheit“ nur fehlgeleitete Unterdrückte, Unterprivilegierte mit schlechten Kindheitserfahrungen und gebranntmarkt von sozialer Ungerechtigkeit, die den Opfern oder den Ausgeplünderten gar nichts Böses tun wollen.

Echte gesellschaftliche Probleme werden nicht mehr angesprochen, in Verklausulierungen verpackt oder als nicht latent existierend vom Tisch der Tagesordnungspunkte gestrichen. Wer dagegen verstößt, ist kein Gutmensch und hat keinen Platz in der Gesellschaft. So werden Probleme wie Kinderfeindlichkeit, demografischer Wandel, Migrationskriminalität, islamischer Faschismus, Parallelgesellschaft, verfehlte Familienpolitik sowie Zukunftsperspektiven in der Wertediskussion nicht offen angesprochen und dies seit Jahrzehnten. Die Kommunikation ist in eine Maulkorbsackgasse geführt worden und jeder, der Mut zur offenen Auseinandersetzung mit Problemfeldern unserer Gesellschaft wagt, wird an den Rand, „ins Aus“ gedrängt. Zahlreiche Talkshows lamentieren zu gesellschaftspolitischen Themen, als würde eine Schönheitscreme den Krebs besiegen.

Das Schielen nach Wählern befreit uns nicht aus dem Würgegriff der Parteien, in dem sich unser Land befindet. Im Gegenteil, unsere wirtschaftsfremden Volksvertreter aus Lehrern und Juristen stellen unentwegt Wechsel aus, an denen unsere Enkel noch zu knappern haben, sofern wir denn welche haben. Was können Sie tun?

Krisenkommunikation für die Politik bedeutet:

- Probleme, Fehler, Gefahren wahrhaftig und konsequent benennen. Sie gehören auf die Tagesordnung und nicht in das Fach: „Was nicht sein darf gibt es nicht!“
- Wir brauchen eine offene Bilanz, die den Raubbau zur Finanzierung der Bürokratie beziffert und Lösungen zum Sparen und den längst fälligen Bürokratie-Abbau anbietet. Diese Lösungen

müssen bezahlbar sein und die nachfolgenden Generationen entlasten. Die offene Kommunikation über dieses Thema fehlt vor allem der Regierung.

- Statt kurzfristiger Kosmetik müssen langfristige Strategien entwickelt werden, die auch in der Öffentlichkeit plausibel und durchschaubar bleiben. Die Kommunikation von nachvollziehbaren Prozessen ist ein wesentlicher Bestandteil einer echten Demokratie, in der auch eine Steuererklärung auf einen Merzschen Bierdeckel passen darf.
- Verzicht auf verklausulierte Begriffe, die die Probleme verwässern, bagatellisieren oder dementieren. Kommunikation, die Aufrichtigkeit und Leistungsbereitschaft wieder als Tugenden preist, muss tageslichttauglich werden.
- Politisch korrektes Handeln ist hinter verlogener Political-Correctness-Rhetorik fast verschwunden. Werte müssen in der Kommunikation wieder Maßstäbe werden.
- Statt Political Correctness sollte Kommunikation auf Liebe zur Wahrheit beruhen. Wahrheit ist oft unbequem, aber ohne Wahrheiten lässt sich in einer Gesellschaft nichts bewegen. Alles andere ist Selbstbetrug und sich in die Tasche lügen.
- Wir brauchen eine Steuergesetzgebung, die nicht verklausuliert ist, sondern für den Bürger verständlich. Die Kommunikationsebene des Finanzministeriums, der Finanzämter und Finanzbeamten in diesem Lande ist so unverständlich wie ihre Willkür.
- Das Thema Zukunft muss in den Fokus der Kommunikation. Zukunft gestalten, bedeutet auch, der Zukunft eine Plattform bzw. ein Fundament zu geben, auf das man aufbaut. Nebulöse Phrasen, wie wir sie alle vier Jahre hören, haben in der Zukunftsgesellschaft keinen Platz.

Der jungen Generation fehlt der Glaube an die Zukunft. Denn alle Kuschelboxen, die schützend waren, lösen sich allmählich auf. Die Familien zerfallen, die Heimat wird heimatlos, das Land verliert sich in Europa und Europa geht unter in der Globalisierung. Die Erde rüstet sich, auszuwandern.

Das kommunikative Gegenbild ist nicht Political Incorrectness, sondern ein Selbstbewusstsein, das die schleichende Krise in unserem Lande zu einer echten Reform werden lassen könnte. Unsere Wurzeln gründen sich auf einer hohen Streitkultur seit der Aufklärung und auf einer großen Leistungsbereitschaft nach dem unseligen Zweiten Weltkrieg. Darauf baut sich eine aus der Vergangenheit entwickelte Zukunftsvision auf, in die die Bürger Zukunftsgewissheit, Mitarbeit und Leidenschaft investieren können.

Der Autor Jürgen Krönig schreibt dazu in DIE ZEIT: „Die Political Correctness (PC) schafft sprachliche Ungetüme, verdrängt klare Ausdrucksweisen, verneint unbequeme Realitäten und versucht sogar, ihre Erwähnung in Bild und Schrift zu verhindern ... Eine von Political Correctness durchtränkte Gesellschaft verneint persönliche Verantwortung: der Fettleibigkeit, die im Westen grassiert, wird folglich nicht zuviel Fastfood, Glotze und Trägheit angelastet. Die Schuldigen sind Gene oder böse Konzerne. Common Sense, gesunder Menschenverstand, hat dagegen einen schweren Stand ... Den langen Marsch verhuschter Gutmenschen-Ideologie durch Institutionen und Bürokratien konnte bislang aber noch niemand stoppen."

Die politische Dauerkrise kostet uns Milliarden

Die politische Dauerkrise in Deutschland wird „ausgesessen." Interessant ist, dass dazu ein mangelndes Unrechtsbewusstsein der Volksvertreter gehört. Im Gegenteil, die Politikerriege gewöhnt den jungen Parteimitgliedern beispielsweise das Unrechtsbewusstsein systematisch ab. Was übrig bleibt, ist die Fähigkeit, mit einem zunehmenden Tunnelblick ohne Licht am Ende zu taktieren.

Eine echte Rede an die Nation, aufrüttelnd, leidenschaftlich, kompromisslos und mit ungeschminkten Wahrheiten und Lösungsansätzen, der dann Taten folgen, benötigen wir. Natürlich ohne die nachfolgenden, endlosen Debatten der Gutmenschen, die Anfeindungen der Medien und das Geschrei der rechten und linken Ränder in unserer Gesellschaft. Ärmel hoch und anpacken. Alles andere ist ein Alptraum.

Eine Fabel

Gotthold Ephraim Lessing war auch ein Fabeldichter. Angesichts der Krise der Sozialdemokraten hätte er vielleicht folgende Fabel geschrieben:

> „Die Tiere des Waldes hatten den Wald in verschiedene Herrschaftsgebiete eingeteilt. Über den gesamten Wald herrschten eine Löwin und der Bär. Über die Lichtung wollte die Eule herrschen. Sie hielt beim Mondschein verführerische Reden und dem Pirol von der Waldpost erzählte sie, dass sie nicht mit den Wölfen heulen werde. Die Wölfe waren ein eigenes Volk, ewig unzufrieden, von Neid getrieben und sie nahmen sich von allen Errungenschaften des Waldes, ohne je den Waldbewohnern etwas zurückzugeben. Die Anführer der Wölfe waren Füchse, die genau wussten, dass sie den Wölfen alles versprechen konnten, ohne es je halten zu müssen, da sie nie in der Verantwortung stehen würden. Aus Angst vor den Füchsen und Wölfen gaben die anderen Tiere des Waldes den Wölfen zu fressen und manche opferten ihre Zukunft, sie gaben sogar den Wölfen ihre Kinder zum Verspeisen. Das Leben im Wald war im Laufe der Zeit schwierig geworden. Der Wald war bekannt für Wohlstand und so kamen auch die Lurche, Krebse und Fische in den Wald und verlangten, dass die Tiere einen See anlegten, damit sie sich wohlfühlen in dem Wald. Bald herrschte nicht mehr die kulturelle Aura der Tiere, sondern nur noch eine Ideologie, der sich nach und nach alle beugten. Zurück zur Eule. Die Tiere wählten, aber die Stimmen reichten

nicht aus für die Mehrheit zur Machtübernahme durch die Eule. Die Eule überlegte, wer ihr nützen könnte. Sie war dem Bären sehr zugetan, deshalb erzählte sie dem Bären, dass sie mit den Wölfen heulen wolle, damit sie in der Lichtung regieren könne. Der Bär hatte Fell, wo früher ehrliche Haut war, deshalb gab er der Eule seinen Segen. Ein Käuzchen widersprach der Eule und drohte für den Löwen zu stimmen, wenn die Eule mit den Wölfen heule. Der Bär wollte das Käuzchen fressen, aber der Pirol hatte schon alle Waldbewohner über den Mut des Käuzchens informiert. Die Füchse wurden rot vor Zorn und die Wölfe schworen Rache. Der Bär wurde gemieden und alle dem Bären verwandte Tiere überlegten, wer an des Bären Stelle regieren könnte. Die Löwin hielt eine Rede über die fernen Felder und Haine, denn über den Wald und dessen Zukunft zu reden, hatte sie keinen Mut."

Der Theodor-Wolff-Preisträger Uwe Schmidt schrieb einmal in einem Artikel in DER WELT über den amerikanischen Wahlkampf von Barack Hussein Obama: „... Obama hätte sich um seinen Kopf, um seine Glaubwürdigkeit, um alle Wahlchancen reden können, wäre er dem Politikergebot gefolgt, das in der Krise leugnen, Ausweichen und Verdrehen verordnet ..."

Wer von den Wählern wusste, dass Lügen, Ausweichen und Verdrehen ein Politikergebot sind? Ist es ein Gebot, dass Politiker sich selbst geschaffen haben, oder ist das ein Gebot, dass aus der Erfahrung im Umgang mit politischen Krisen erwachsen ist?

Sieben Angebote gegen Todsünden

Da Gebote Lügen, Ausweichen und Verdrehungen sind, trage ich hier sieben Angebote vor, die aus der politischen Krise helfen könnten. Da Politiker in Wahlkampfkategorien denken, entwerfe ich an dieser Stelle einfach mal ein paar Plakate für Sie.

Auf jedem Plakat ist ein lächelnder, natürlich retuschierter Politiker bzw. eine Politikerin zu sehen. Der Hintergrund ist in den Nationalfarben eingefärbt.

Plakat 1

Ich bin authentisch. Ich nehme meinen Wählerauftrag wörtlich und höre aktiv zu. Taten für die Zukunft Deutschlands.

Plakat 2

Ich bin aufrichtig. Ich trete für eine Leistungsgesellschaft ein, damit Deutschland wieder Zukunft hat.

Plakat 3

Ich bin farbecht. Ich wende mich gegen die Schönfärberei. Entscheidungen zur Entschuldung des Landes sind schmerzhaft, aber ich arbeite für die Zukunft von Deutschland.

Plakat 4

Ich verspreche nicht, was ich nicht halten kann. Wir leben auf Kosten unserer nachfolgenden Generation. Sozialabbau statt Schuldenprogramm – für die Zukunft Deutschlands.

Plakat 5

Ich bin Kämpfer. Unser Steuersystem ist Leistungsraub. Wir brauchen einfache Gesetze für Bürgernähe und für die Zukunft Deutschlands.

Plakat 6

Ich bin unbequem. Ich werde Privilegien kürzen und die Staatsverschuldung zurückfahren, damit Deutschland wieder zukunftsfähig wird.

Plakat 7

Ich denke unternehmerisch. Ich stehe für meine Leute ein, bilde sie gut aus, sichere Arbeitsplätze und kämpfe für ein gutes Klima im Lande. Die Vision Zukunft ist Verantwortung übernehmen.

Sagen Sie selbst, wen würden Sie wählen? Wer hätte Ihre Stimme verdient?

Konsequenz, Härte und Mut

Eine konsequente, wenn auch unbequeme Politik löst Probleme. Viele haben mit der Aufstellung der Großen Koalition mit bahnbrechenden Veränderungen und Weichenstellung für die Zukunft gerechnet. Beide großen Volksparteien reißen das Ruder herum und nutzen die Gunst der Stunde, um aus der Dauerkrise ein zukunftsfähiges Land zu gestalten. Stellen Sie sich vor, die „Politik der friedlichen Koexistenz" wäre von den USA noch weiter toleriert worden. Wir hätten heute noch den Kalten Krieg, nur mit härteren Bedingungen, unter denen die Menschen im Ostblock leben würden. Ronald Reagans Konsequenz und Härte, der Ostblockführungsriege von Moskau bis Ost-Berlin ein Dorn im Auge, leitete den Prozess ein, der diesen innenpolitischen Druck so verstärkte, dass ein Gorbatschow seine Vision von einer neuen Welt wahr werden lassen konnte. Die Zustimmung des Nato-Doppelbeschlusses mit der Stationierung der Pershing-Raketen auf westdeutschem Boden war ebenfalls ein Akt der Konsequenz eines Helmut Schmidt, trotz Friedensbewegung in Westeuropa inmitten einer sozialen Kuschelgesellschaft, die bereits begonnen hatte, auf Kosten nachfolgender Generationen zu leben.

25 Jahre dauert ein Reifeprozess in der Politik

Der Politikwissenschaftler Prof. Dr. Claus D. Kernig zeigte in einem seiner berühmten Vorträge, wie langsam politische Prozesse in Deutschland reifen und wie lange Politik braucht um zu handeln. Bis zu 25 Jahren müssen im Schnitt vergehen, bevor die

Wahrnehmung zum politischen Handeln überhaupt in den Parteien ankommt. „Die Politik erwartet von der Wirtschaft technologische Spitzenleistungen, subventioniert selbst aber mit Vorliebe das Zurückgebliebene. Umgekehrt erwartet die Wirtschaft von der Politik eine Führungsrolle, verrät aber nicht gern, wohin die Reise technologisch geht. Im Streit der Interessen von Parteien, Verbänden, Gewerkschaften und lautstarken Gruppen wurde deshalb im Lauf der Zeit die Politik immer stärker ökonomisiert und die- Wirtschaft immer stärker politisiert. Demokratie und Marktwirtschaft kommen sich aber dadurch nicht näher, sondern entfremden sich der Natur ihrer Aufgabenbereiche,“ äußert Claus D. Kernig.

Das beste Beispiel ist der demografische Wandel. Seit den 70er Jahren ist bekannt, dass das Rentensystem kollabiert und das Nachwuchsproblem sich auf dem Arbeitsmarkt verschärft. Wir blicken auf 25 Jahre verheerende Familienpolitik zurück, egal welche Partei an der Spitze stand und das kann ich als Vater von drei Kindern nur schmerzhaft bestätigen: die Bundesrepublik Deutschland ist ein familien- und kinderfeindliches Land. Es ist zu jedem Fremden freundlicher als zu den eigenen Kindern. Bildungspolitik, Gesundheitspolitik, Einwanderungspolitik, Sozialpolitik usw. überall hinkt die Politik ein Viertel Jahrhundert hinter längst fälligen Entscheidungen und Wahrheiten her.

> Die Mediengeschwindigkeit hat zugenommen.
>
> Berichterstattung erfolgt rund um die Uhr und durch die Vielzahl der Medien werden Parteien und Organisationen regelrecht bombardiert.
>
> Die Betroffenen haben immer weniger die Chance, Sachverhalte zu prüfen und die richtigen Entschlüsse zu fassen.
>
> Auf der anderen Seite arbeiten die Redaktionen mit Hochdruck und wenig Personal, sodass dort die Qualität der Recherche oft auf der Strecke bleibt.

Egomanen treffen auf Masse, das heißt nichts anderes, als dass Politiker sich oft nur selbst vertreten (wir erleben immer häufiger den Aufschrei der eigenen Partei im Hintergrund, siehe Fischer, Scharping, Schill, von der Leyen usw.) und nicht diejenigen, von denen sie gewählt worden oder deren Programmteil sie sind. Die Medien vertreten „das Volk“ oder populäre Strömungen innerhalb einer Volksgruppe. Hinzu kommt die Opposition, die sofort Aufwind spürt und die Krise des Gegners für sich zur Profilierung zu vermarkten sucht. Je weniger die Oppositionspartei in der Verantwortung steht, desto lauter wird sie brüllen.

Wir müssen hier klar unterscheiden zwischen begrenzbaren Krisen wie zum Beispiel der des hessischen Wortbruchs und latenten Staatskrisen, die strukturell aus Unterlassenschaften der Vergangenheit stammen, die Zukunft ihrer Vision berauben und das soziale Gefüge in Gefahr bringen.

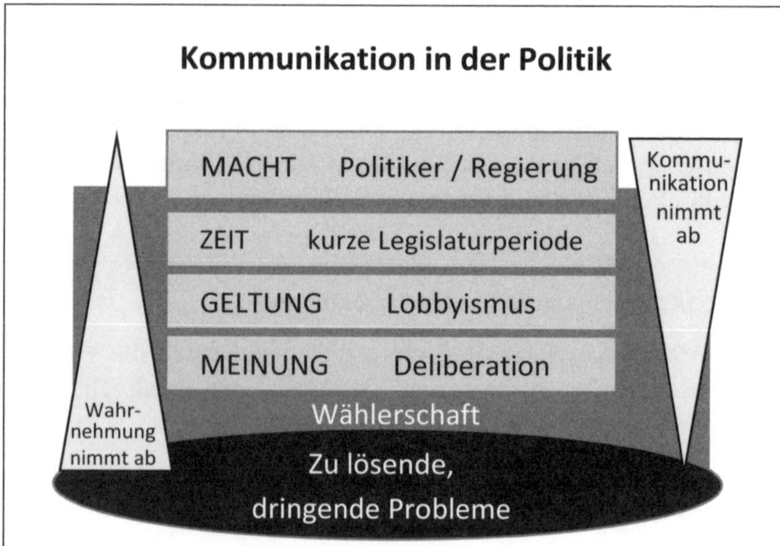

Abbildung 16: Echte Krisenkommunikation ist ein Wahrnehmungsproblem

Das Ziel der Krisenkommunikation ist es, Vertrauensverlust und Imageeinbußen zu begrenzen, aber nicht Handlungsbedarf durch Worte zu ersetzen, wie es oft der Fall ist.

Politiker gehören auf den Prüfstand. Überzeugungen, Visionen und Aufrichtigkeit sind Parameter für Vertrauen.

Was braucht das Land? Wie gestalten wir Zukunft? Wie leben wir, so dass das Erbe auch annehmbar ist?

Kommunikation kann keine Taten ersetzen.

- *Wir brauchen klare, schnelle Entscheidungen und ein Früherkennungssystem, das in offene, ehrliche, ungeschminkte Worte mündet. Das legen wir im Krisennotfallkoffer obenauf.*

Kapitel 9: Die Eisberg-Theorie – das Verborgene im Offensichtlichen

„Eine Krise ist eine Phase, in der wir feststellen, dass unsere eigenen inneren Batterien nicht ausreichen, in diesem heftigen Sturm durchzuhalten.“

Gordon MacDonald, Schriftsteller und Theologe

Einleitung

John Entwistle saß im Ausguck des Linienschiffes mit beachtlichen 46.000 Bruttoregistertonnen. Ab und an schaute John in sein Fernglas. Er fror, denn es war bitterkalt geworden. Er fischte seine Uhr hervor. Ein Geschenk von seinem Onkel Andrew. Allerdings waren die Finger durch die Kälte so klamm, dass die Uhr auf den Boden fiel. Im Dunklen tastete John nach ihr und er musste automatisch an Kathie denken. In einer ähnlichen Situation, suchend, hatten sich zum ersten Mal ihre Hände zärtlich berührt, dabei schauten sie sich in die Augen und trotz Dunkelheit konnten sie die Wärme im Blick des anderen entdecken. Da ertastete er die Uhr und hob sie gegen das Positionslicht im Ausguck. Die Uhr zeigte 23.30 Uhr. Er steckte sie in die Jackentasche und rechnete die Zeit vor, die er noch hier verbringen sollte. Nach Eisbergen Ausschau halten ist so ziemlich die dümmste Aufgabe, die man auf einem Schiff erledigen muss, dachte John. Er erinnerte sich seines alten Lehrers, der Eisbergmodelle aus Holz und Metall baute, um den Schiffsjungen die Gefahr von Eisbergen in pneumatischen Wannen zu demonstrieren. Ein Siebentel schauen sie aus dem Wasser. Der unter Wasser verborgene Teil ist gefährlich, da nie sicher zu stellen ist, wie nah der Schiffsrumpf beim Sichten des Eisbergs bereits ist. John lächelte vor sich hin, denn ihm fiel die stets verbogene Brille seines Lehrers ein. Gelangweilt schaute John Entwistle durch das Fernglas. Er erschrak. Die Umrisse eines Eisbergs zeichneten sich bedrohlich ab. Hastig griff er zum Telefon und meldete der Brücke: „Eisberg voraus!" Das war an jenem schwarzen Tag der White Star Line, als ihr unsinkbares Schiff auf einen Eisberg lief und eine Krise für die Reederei und die gesamte Schifffahrt auslöste. 1.517 Tode und der Verlust eines der prunkvollsten Schiffe: der Titanic.

Das Eisberg-Modell für Krisen

Mit dem Eisbergmodell werden in der Angewandten Psychologie, der Pädagogik und Betriebswirtschaftslehre Kommunikationsmodelle verdeutlicht, die sich auf die allgemeine Theorie der Persönlichkeit von Sigmund Freud stützen. Um das Eisberg-Modell für Krisen zu verstehen, müssen wir zunächst Dr. Freud zu Rate ziehen.

Sigmund Freud hätte uns seinerzeit folgenden Vortrag gehalten:

> „Meine sehr verehrten Damen und Herren der Krisenpräventionszunft. Mein Eisbergmodell funktioniert in der Psychologie, die man durchaus auch auf Krisenbehandlungssysteme anwenden kann, folgendermaßen: Zunächst beobachte ich meine Patienten, da ich der Annahme bin, dass menschliches Handeln in täglichen Situationen nur zu einem kleinen Anteil bewusst bestimmt wird.
>
> Damit widerspreche ich der bisherigen Auffassung, nach der Verhalten nur auf bewusstes Denken und rationales Handeln zurückführen sei. Ich hingegen teile die Psyche in drei Instan-

zen auf und vertrete die Auffassung, dass das (bewusste) „Ich" lediglich darüber entscheidet, welche Anteile des „Es" (Lustprinzip) und des „Über-Ich" (Moralitätsprinzip) in der als wirklich erlebten Wahrnehmungswelt realisierbar sind. Somit weise ich auf die überstarke Bedeutung des Unbewussten für das menschliche Handeln hin und verweise zugleich auf die Bereiche der verborgenen Subjektivität wie Persönlichkeit, Gefühle und Konflikte.

Die im Unterbewusstsein liegenden Ängste, die verdrängten Konflikte, die traumatischen Erlebnisse, die Triebe und auch Instinkte sind in Schichten übereinander angeordnet. Diese Prägungen sind von früheren Entwicklungsphasen abhängig und die jeweils darüber liegende Schicht wird stark beeinflusst. Diese Vorgänge stehen unter dem Einfluss von „Es" und „Über-Ich" und sind nur kurzfristig bewusst, ehe sie wieder in das Unbewusste hinabsinken. So, meine Damen und Herren. Um diese Wahrnehmungen wieder bewusst zu machen, müssten diese sich einer Realitätsprüfung und einer Art Zensur durch das „Ich", so genannten Abwehrmechanismen unterwerfen. Entscheidend dafür sind die von der Dynamik abhängigen vielschichtigen unbewussten Instanzen und das, was sich als Trieb, als emotionale (Ur-)Erfahrungen oder verdrängte Konflikte übereinander aufgeschichtet hat. Im Allgemeinen gelingt es dem gesunden „Ich", im prinzipiellen Kampf zwischen „Es" und „Über-Ich" eine Schiedsrichterrolle zu übernehmen und bei einem auftretenden Konflikt einen Kompromiss auszuhandeln. Zugleich hängt es jedoch von den Erfahrungen des Einzelnen ab, welche Dynamik sich im Rahmen dieser Beeinflussung im Abgleich mit bereits Erlebtem entfaltet. In meiner klassischen Psychoanalyse werden hierzu drei Qualitäten des Psychischen unterschieden: Bewusstes, Vorbewusstes und Unbewusstes."

Soweit Freud. Nun wenden wir uns diesem Modell unter dem Aspekt der Krise zu. Um das Modell alltagstauglich zu machen, dient ein Beispiel aus der Bankenkrise, deren Auswirkungen uns noch Jahre beschäftigen werden.

Die Gier siegt über den Blick auf die Mechanismen

Die Finanzkrise erreichte deutsche Geldinstitute schneller, als jedem Banker lieb war. Die Bundesanstalt für Finanzdienstleistungsaufsicht rechnet mit Verlusten zwischen 45 und 60 Milliarden Dollar für die deutschen Kreditinstitute und der Ausweitung in weite Bereiche der Wirtschaft. Zugleich denken wir an die Bilder von hilflosen Maklern, Analysten und lesen von achselzuckenden, wortkargen, verunsicherten Bankern. „Wir können niemandem mehr trauen", äußerte der verzweifelte Kursmakler Dirk Müller auf einer der Titelseiten der WELT. Die Bankenkrise ist zu einer Vertrauenskrise geworden.

Es wird eine Inflationswelle und damit eine Verteuerung auf uns zukommen, die viele Unternehmen und Haushalte in die Knie zwingt, sagen die Pessimisten. Ich als Optimist sage: „Die haben Recht!"

Das Eisbergmodell beschreibt, wie Freud seine Patienten beobachtet. Sollten Sie den Markt, die Presse und die verantwortlich Agierenden beobachten und sich fragen:

- Liegen längst fällige Entscheidungen unterhalb der Wasseroberfläche?
- Gibt es Faktoren, die krisenverschärfend wirken könnten?

Im bewussten Bereich stehen Zahlen, Fakten, Daten. Da sind die offensichtlichen, die belegbaren Bereiche des Marktes und die bewusste Anwendung von Marktgesetzen. Im Vorbewussten haben wir die schwelenden Einflüsse, die latenten Konflikte, die verdrängten Aufgaben und vor allem die unterlassenen Kontrollmechanismen. Mit allen vorbewussten Schichten korrespondiert geschützt oder ungeschützt das Unbewusste in Form von Gier, Eitelkeit und Verantwortungslosigkeit. Schweigen und Geheimniskrämerei unterbinden den Wissenstransfer, der Marktmechanismen im bewussten Bereich offen legt. Zu spät offenbart sich der Markt selbst. Der Tatbestand heißt fehlende Kommunikation.

Jeder fragt sich, warum die Banker diese Gefahr der schwerwiegenden Marktstörungen nicht gesehen und erkannt haben? Vor allem die Folgen sind unübersehbar. „Über Interventionen wird nie vorher, sondern immer erst danach geredet", sagte das Ratsmitglied der Zentralbank Klaus Liebscher. Die zweite Frage, die sofort auftaucht, beschäftigt sich damit warum die Bundesanstalt für Finanzdienstleistungsaufsicht erst reagiert, wenn die Krise sich durch die deutsche Wirtschaft frisst?

Wenn Sie diese Krise analysieren, gewinnen Sie den Eindruck, dass diese Branche, der das Vermögen für Sicherheit und Zukunft, für Altersvorsorge und Versorgung anvertraut wird, so im Markt agiert, als würden Sie mit verbundenen Augen versuchen Auto zu fahren. Gier macht blind. Die Antwort darauf, warum gewiefte Investmentbanker, Analysten und Vorstandschefs großer Banken die Alarmzeichen übersehen haben, finden Sie im unbewussten Bereich des Eisberg-Modells, das sich auf jedes Unternehmen und jede Branche anwenden lässt.

Marktuntersuchungen ergeben sich aus dem Eisberg-Modell:

1. Marktveränderungen gilt es zu beobachten und analysieren,
2. Die Qualität der Entscheidungskräfte muss kontrolliert werden,
3. Marktmechanismen müssen offen gelegt werden,
4. Führungskräfte mit kurzen Verträgen sorgen sich nur um einen Push der Renditen, aber nicht um die Zukunft, um die Sicherheit und um die Mitarbeiter. Krisenverhindernd könnte die

Verlängerung von Verträgen mit klaren ethischen Linien der Verantwortung wirken,

5. Das Früherkennungssystem ist im Vorbewussten verborgen. Früherkennung bedeutet, die Zeichen richtig zu deuten und rechtzeitig Maßnahmen einzuleiten.

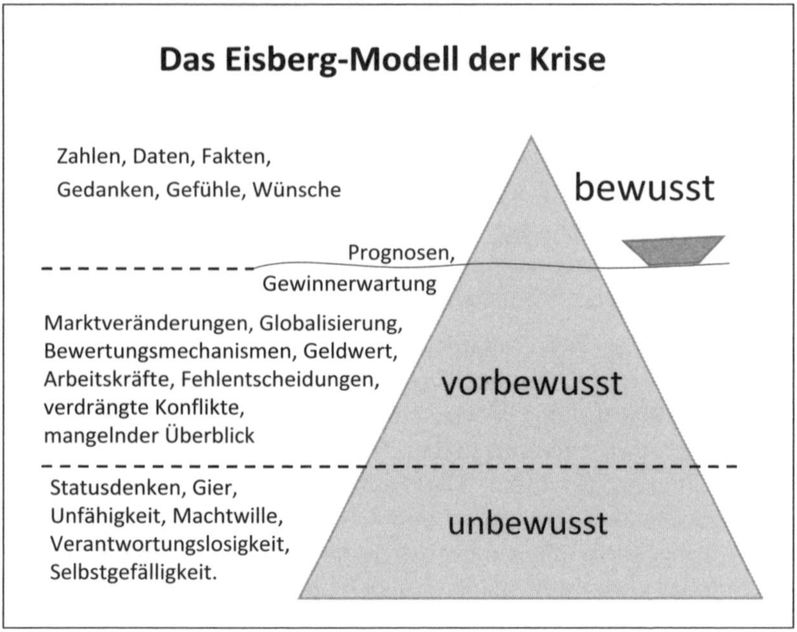

Abbildung 17: Das Eisbergmodell

Damit zeigt das Modell, dass das Interesse, krisenhafte Erscheinungen offenzulegen am Schutz der eigenen Interessen scheitert. Vor allem, wenn noch gutes Geld verdient wird.

Interessant ist, dass ich von Managern oft höre, Demut sei ein Fremdwort geworden ist. Die Sehnsucht, wirtschaftlichem Erfolg auch mit Demut zu begegnen, ist ein hoffnungsvoller Anfang, dem Unbewussten eine förderliche Eigenschaft hinzuzufügen.

Wir stehen heute am Abgrund, aber morgen sind wir bestimmt schon einen Schritt weiter.

Was ist die Bankenkrise?

Im Frühjahr 2007 erreichten in den USA die Zahlungsausfälle auf Kredite den höchsten Stand der letzten Jahre, verursacht durch kontinuierliche Zinserhöhungen bei gleichzeitig stetigem Verfall der Immobilienpreise in den USA. Dutzende Baufinanzierer, die sich gerade auf diese Kredite spezialisiert hatten, mussten Gläubigerschutz beantragen. Weitreichende Auswirkungen ergaben sich dadurch, dass die Subprime-Kredite über strukturierte Anlageformen im Kapitalmarkt refinanziert wurden. Die Hauskredite, die Rückzahlungs- und Zinszahlungsansprüche gegen die Schuldner, wurden als Wertpapiere verbrieft und als forderungsbesichertes Wertpapier verkauft. Aufkäufer waren vielfach Fonds, Versicherungen und andere Bankgeschäfte. Unter den Fonds waren nicht nur risikobereite Hedgefonds, sondern auch eher konservative Investmentsfonds vertreten. Da aber insbesondere Hedge-Fonds stark in die risikobehafteten Wertpapiertranchen investierten, kam es bei diesen zu erheblichen Verlusten, die teilweise zur Schließung und Abwicklung der Hedgefonds führten.

Die Schließung von Hedgefonds und die Verluste bei den Investmentbanken führten am Kapitalmarkt zu einer schlagartigen Abnahme der Risikobereitschaft privater und institutioneller Anleger. Diese zogen nun in kurzer Zeit erhebliche Beträge aus dem Kapitalmarkt ab (z. B. durch Rückgabe von Fondsanteilen) oder hielten sich mit neuen Investitionen in risikoreiche Anlagen zurück. Der durch die Krise ausgelöste hohe Liquiditätsbedarf spiegelte sich am Geldmarkt durch einen Anstieg der Geldmarktzinsen wider. Am Geldmarkt beschaffen sich große Akteure wie Banken und Großunternehmen kurzfristige Liquidität beispielsweise durch Geldmarktkredite.

Die steigenden Geldmarktzinsen und die abnehmende Risikobereitschaft der Investoren brachten die Refinanzierungsstruktur und den Wertpapiermarkt zum Stillstand. Investoren waren aus Unsicherheit über die den Investmentvehikeln zugrunde liegenden Vermögensgegenstände nicht mehr kaufwillig. Dies führte dazu, dass Banken, welche meist zu 100-Prozent diese Investmentvehikel sponsorten, Liquidität für diese bereitstellen mussten. Daraufhin waren Banken auch untereinander nicht mehr bereit, die vorher im großen Maße ausgereichten Liquiditätslinien an andere Banken zu verlängern bzw. neu zu gewähren.

Hierdurch sahen sich wiederum die Zentralbanken wichtiger Wirtschaftsnationen veranlasst, dem Geldmarkt kurzfristig Liquidität in einem hohen dreistelligen Milliardenbetrag zur Verfügung zu stellen, um zu verhindern, dass die Subprime-Krise eine allgemeine Kreditkrise oder Finanzkrise auslöst. Allein die Europäische Zentralbank hatte in wenigen Tagen über 200 Milliarden Euro zur Verfügung gestellt. Die US-amerikanische Federal Reserve leistete die größte Geldmarkt-Intervention der Geschichte.

Das brachte die beiden Bankhäuser IKB Deutsche Industriebank und SachsenLB in existenzbedrohende Krisen, da sie ihre angekauften Forderungen nicht mehr im Geldmarkt refinanzieren konnten.

Infolgedessen stieg der Geldhandel unter Banken auf ein Zinsniveau, das zeitweilig deutlich über den Refinanzierungssätzen der Europäischen Zentralbank (EZB) lag. Die EZB steuerte dem mit einer „Flutung“ der Kapitalmärkte entgegen, indem sie den Banken zeitweilig über kurzfristige Refinanzierungen bis zu 258 Milliarden Euro zur Verfügung stellte.

Der Kollaps von Hedgefonds und die Liquiditätsprobleme von Banken wie der Investmentbank Bear Stearns haben die Börsen weltweit auf Talfahrt geschickt. Anleger flüchteten in weniger riskante Investments wie Gold und Öl.

Die Krise werde „wahrscheinlich im Nachhinein als schlimmste seit dem Ende des Zweiten Weltkriegs bewertet werden“, schrieb der frühere Notenbankchef Alan Greenspan in einem Beitrag für die „Financial Times.“

Umdenken, wenn das Vertrauen weg ist?

Die Experten, denen wir unser Geld anvertrauen, hätten es wissen oder wenigstens rechtzeitig merken müssen. Seit Jahren hat sich an den Finanzmärkten eine gefährliche Blase gebildet. Zu lange haben Banker, Investoren und Politiker tatenlos zugesehen.

„Rufe nach dem Staat sind verständlich. Gegen Gier aber hilft am Ende nur eins: die begründete Angst vor dem Verlust“, schreibt DER TAGESSPIEGEL. Wie ein lähmendes Gift frisst sich die Angst immer stärker, immer schneller durch das weltweite Finanzsystem.

„Das Schlimme ist, dass wir alle gleich handeln“, sagt der Vorstand einer deutschen Großbank. „Wir sitzen in Angststarre auf dem Geld.“ Es schwindet ausgerechnet das, was die Marktwirtschaft am dringlichsten braucht: Vertrauen. „Ich glaube nicht mehr an die Selbstheilungskräfte der Märkte“, sagte Deutsche-Bank-Chef Josef Ackermann und forderte eine Beteiligung des Staates an einer gemeinsamen Rettungsaktion mit Banken und Notenbanken. Dass er dies nur auf die Krise am amerikanischen Immobilienmarkt bezog, war schnell vergessen. Stattdessen wurden Ackermanns Sätze zur Bankrotterklärung für den globalen Kapitalismus stilisiert.

„Diese Krise“, sagt Werner Abelshauser, Wirtschaftshistoriker an der Universität Bielefeld, „reicht deutlich tiefer als alle vorangegangenen Turbulenzen seit der Weltwirtschaftkrise von 1929. Wir haben es mit Marktversagen zu tun. Ein solches Problem kann nur der Staat lösen!“ Wenn die Gier sich in Verlustangst wandelt, wird der Schrei nach dem Staat laut. Eine sensible Beobachtung, mit eigenkontrolliertem, selbstkritischem Aktionsradius der Marktmechanismen ist ein probates Gegenmittel. Das trifft für jedes lokal oder global agierendes Unternehmen zu.

Ein Exkurs: Wie Finanzblasen entstehen

Wir machen einen kleinen Zeitsprung in das Jahr 1987 als Alan Greenspan der Kopf der US-Notenbank wurde. Seine erste Amtshandlung, kurz nachdem der US-Aktienindex Dow Jones an einem Tag um knapp 23 Prozent einbrach, war die drastische Senkung der Zinsen, was zur Folge hatte, dass in nur 15 Monaten die Kurse wieder auf dem Vorcrash-Niveau notierten. In der 18 Jahre dauernden Amtszeit wandte Alan Greenspan dieses Vorgehen immer wieder an und wurde damit zur Ikone der Finanzwelt und zum fragwürdigen Idol der Finanzexperten.

Im Herbst 1998, als die Russland- und Asienkrise ihren Gipfel erreichte, werteten die Krisenländer ihre Währungen ab, um die Arbeitskosten im eigenen Land im internationalen Vergleich über den Wechselkurs niedrig zu halten. Der Effekt dabei waren günstige Preissituationen zwischen den USA und der EU. Die Preistalfahrt auf dem Arbeitsmarkt wurde durch die Massenarbeiter in China und Indien beschleunigt. Die Chinesen und Inder versorgten die Westeuropäer und die Nordamerikaner mit billigen Waren. In den chinesischen Kassen klingelten die US-Dollar-Milliarden. Dieses Geld investierte die chinesische Zentralbank fast ausschließlich in amerikanische Staatsanleihen. Dadurch konnten die Amerikaner ihren ungebremsten, hemmungslosen Konsum und ihr Handelsdefizit finanzieren, ohne dass der Dollar einen Kratzer bekam. Zunächst, gebe ich zu bedenken, denn die Zeitbombe hatte schon längst zu ticken begonnen. Der Dollar fungierte in den internationalen Geldmärkten wie ungedeckte Schuldscheine und das hätte die Finanzwelt frühzeitig bemerken müssen. Es ist das System, das blind macht. Solange die Geldmaschine sprudelt, leben wir in vollen Zügen, auch wenn die Wechsel ungedeckt sind. Augen zu und durch. Krisenverhindernde Aktionen sind allein durch die Sprachlosigkeit und die niemals offenen Karten bei Geldgeschäften gescheitert.

Was können Sie selbst entgegnen? Sie müssen bereits früh in Ihrem eigenen Laden sehen, wo stecke ich überall drin und wo komme ich womöglich nicht mal mehr raus? Wem können Sie trauen und wer ist wirklich ein Spezialist? Wenn Sie Anleger sind, sollten Sie die Bank auf den Prüfstand stellen, so wie die Banker es verlangen, wenn Sie Kredit brauchen. Welche Sicherheiten bieten Banken?

Transparentes Kommunikationssystem

Krisenmanagement im Bankenwesen ist auf global agierende, börsennotierte Unternehmen durchaus anzuwenden. Im Bankenwesen bedeutet das, Programme aufzulegen, die äußerst schwierig kommunizierbar sind, da die Schweigemauern unüberwindlich sind. Schließlich werden Bankgewinne privatisiert, aber Verluste dem Steuerzahler mit dem Segen unserer gewählten Volksvertreter aufgedrückt:

- Die Finanzwelt braucht ein seismisches System, denn ein inflationsfreies Wachstum gibt es nicht auf Dauer. „Das System muss noch deutlich transparenter und regulierter werden, damit sich die Exzesse der Vergangenheit nicht wiederholen", sagt der Wirtschaftsweise Peter Bofinger.
- Die Übereinkunft der Notenbanker und Finanzminister, keine Bank pleite gehen zu lassen, koste es was es wolle, ist ein Freibrief für verantwortungsloses Handeln und krisenprovozierende Risikogeschäfte. „Hilfe aus Steuermitteln" ist der einzige Weg, der Politikern im Finanzministerium einfällt. Es ist ja auch das Geld anderer Leute.

- Die Geschäfte der Investmentbanker, denen es mit Blick auf den nächsten Jahresbonus egal ist, was sie ihren Arbeitgebern auf die Bilanzen schieben oder an Dritte verkaufen, verdienen genauer in den Fokus der Vorstände und Aufsichtsräte genommen zu werden.
- Das Bankensystem braucht dringend vertrauensbildende Maßnahmen, die nach innen und auch nach außen kommuniziert werden können. Die Sprachlosigkeit der Branche ist die Krise in der Krise. Problemlösungen müssen proaktiv angegangen werden.
- Sich frühzeitig von risikoreichen Papieren zu trennen, wäre ein Schritt in Richtung Krisenprävention. Es kann nicht sein, dass sich einige Banken hinter überholten Rechnungslegungsvorschriften verstecken und den Überblick über die Transaktionsgeschäfte verlieren.
- Das verlorengegangene Vertrauen der Märkte müssen die Banken und Geldinstitute wieder zurückerlangen. Das bedeutet, dass es einen transparenten Umgang mit Risiken geben muss. Mittels Basel II muss beispielsweise überprüft werden, ob die Regularien für die Absicherung von Großkrediten nicht nur einseitig die Bankkunden betreffen.
- Der Finanzier alter Schule muss wieder Vorbild werden. Ein Investitionsklima, das gesund ist, steht über jeder Art von Spekulation. Den smarten Spekulanten mit Lebensinhalten wie Rolex und Ferrari muss das Vertrauen entzogen werden.
- Die Dienstleistungen selbst müssen mehr an Transparenz gewinnen. Der persönliche Beratungs- und Produktaufklärungsanteil seitens der Geldinstitute muss erhöht werden. Für Online-Geschäfte bedeutet das eine höhere Qualität der Virtualität der Kommunikationskanäle zur Überwindung der Distanz zwischen Produkt und Kunde.

Das Eisbergmodell konstatiert, dass Verantwortliche in der Wirtschaft, Gesellschaft und Politik es nicht zulassen dürfen, dass sich die Schichten zwischen Bewussten, Vorbewussten und Unterbewussten so überdecken, dass über längere Zeiträume hinweg eine Art Betriebsblindheit entsteht, die Virenherde für Krisen bildet oder während einer Krise die Handlungsfähigkeit erlahmen lässt.

„Man kann nicht nicht kommunizieren!“, schrieb einst Paul Watzlawick. Mit anderen Worten, die Schweigemauer der Banken und Geldinstitute spricht eine eigene Sprache, allerdings eben eine, die viel Raum für Spekulationen, Vermutungen und Gerüchte schafft.

Glaubwürdigkeit, Vertrauen und Qualität, die wir als Parameter für gute Marken kennen, sind durch fehlende Kommunikation ins Gegenteil verkehrt.

Den Markt im Auge zu haben, die Risiken zu bedenken und neu zu bewerten, das ist ein Teil der Verantwortung des Managements. Krisen entstehen oft durch Gier und Schönwetterkapitäne, die das Morgen mangels Visionen nicht im Blick haben.

- *Nehmen Sie die drei grundlegenden Eigenschaften: Glaubwürdigkeit, Vertrauen und Qualität, wirkungsvoll mit Offenheit versetzt, als Desinfektionsmittel in Ihren Krisennotfallkoffer.*

Kapitel 10: Der Krisenstab – Aktives Helden-Management

„Den guten Seemann erkennt man bei schlechtem Wetter."

Toskanisches Sprichwort

Krisen und Helden

Mangels Vorbildern reden wir heute nicht mehr über Helden. Da wir auch alles andere sind als eine heroische Nation, dürfen wir auch über Helden nicht mehr reden. Unser Bildungssystem ist so auf Mädchen fokussiert, dass Jungs mit Heldentum, Abenteurerehre und Wettbewerb kaum noch in Berührung kommen. Komischerweise geben das auch die Väter nicht mehr weiter, obwohl der Wohlstand moderne Pferde wie Jeeps und Zelte, die in Sekundenschnelle stehen, gerade das begünstigen würde. Ich rede trotzdem darüber, denn ich habe bei meinen Krisentrainings Helden kennengelernt. Bewegt habe ich ihrer Geschichte gelauscht. Gerührt war ich über ihre Bescheidenheit und stolz auf ihren Mut und ihre Entscheidungskraft.

Auf das Heldentum vorbereiten

Krisentraining zur Vorbereitung auf den „Großbrand in den Medien“ bedeutet auch die rechtzeitige Überlegung, wer im Unternehmen oder der Organisation ein Krisenmanager sein könnte? Wer hat die Nerven und wer ist trotz eines Höchstmaß an Stress die durchsetzungsfähigste Persönlichkeit, und wer könnte ihm als Medien-Kommunikator zur Seite stehen, der seriös, ausgeglichen und charismatisch wirkt. Der nächste Punkt ist die Festlegung und damit Einberufung eines Krisenstabes oder zumindest eines Führungskreises des Unternehmens oder der Organisation.

Bei einem Medien-Training für Krisensituationen erzählte mir mal ein Angehöriger einer Partei, dass der Sprecher, den sie als Frontmann erkoren hatten, immer, wenn es brenzlig wurde, sich krank meldete und dadurch schon fatale Situationen entstanden sind.

„Was kann man tun, denn man weiß ja nicht, was in dem Menschen unter Stress vorgeht?“, fragte mich der Seminarbesucher. Ein Training unter fast echten Bedingungen. Eine Simulation von Stress, war meine Antwort.

Für ein kunststoffverarbeitendes Unternehmen wurde folgendes Szenario simuliert: Ein Schweißerfunken hat im Werk III einen Brand mit Explosion ausgelöst. Nach Angaben der Werks-Feuerwehr griffen die Flammen auf einen Tank mit giftigem Acrylnitril über. Ein Arbeiter wird vermisst, vier sind verletzt. Eine dichte Rauchwolke schwebt über dem Werk. Der Unfall führt zu erheblichen Verkehrsbehinderungen. Wegen der dichten Rauchwolken muss die Autobahn in beide Richtungen gesperrt werden. Auch die S-Bahnen müssen den Verkehr vorübergehend einstellen. Einige geschockte Mitarbeiter hätten sich in psychologische Behandlung begeben, sagt ein Sprecher der Firma. Die Produktion sei aus Sicherheitsgründen heruntergefahren worden, die Schadenshöhe noch unklar. Wegen der enormen Flammen und der starken Rauchentwicklung sei die Feuerwehr in großer Stärke im Einsatz. Erst vor wenigen Wochen war es im gleichen Werk zu einer

Explosion mit Brand gekommen. Nach Angaben der Behörden wurden nach dem Störfall „keine gefährlichen Messwerte" ermittelt. Die Löscharbeiten am Tank dauerten am späten Nachmittag noch an. Wann die Löscharbeiten beendet sein werden, ist zum derzeitigen Zeitpunkt noch nicht voraus zu sagen.

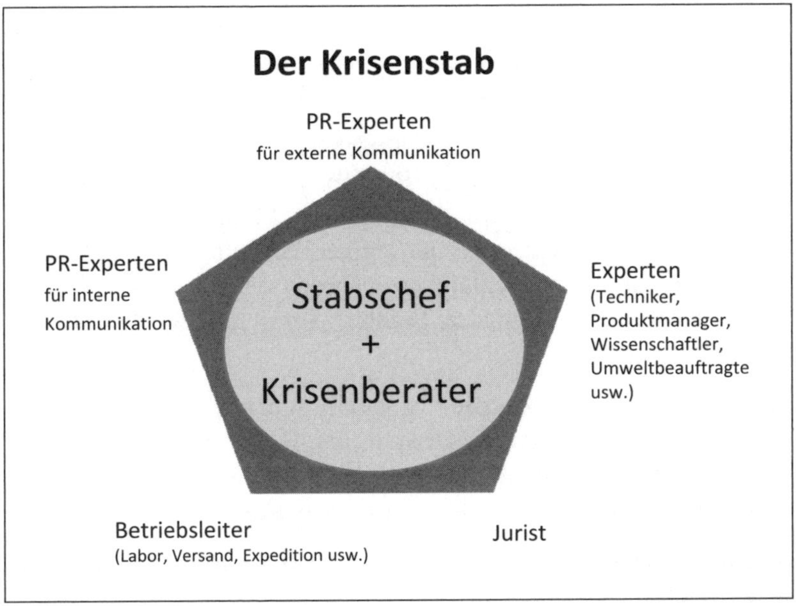

Abbildung 18: Mitglieder eines Krisenstabes

Um zu prüfen, wie die Krisenmanager reagieren und arbeiten, wurden im Vorfeld der Simulation folgende Vorbereitungen getroffen:

1. Ein Krisenstab wurde gebildet aus Abteilungsleiter, Sicherheitsbeauftragten, Sprecher, Zuarbeiter, Produktmanager, diversen Fachleuten.

2. Ein Chef des Stabes wurde gewählt. Die Kriterien für seine Wahl hießen: durchsetzungsfähig, stressresistent, wissensstark, motivierend und belastbar.

3. Ein Sprecher des Stabes wurde benannt. Seine Kriterien für die Wahl waren: charismatisch, seriös, umsichtig, ausgeglichen, rhetorisch geschult.
4. Ein Protokollant wurde festgelegt, der jeden Schritt protokollarisch festhält.
5. Alle wichtigen Ansprechpartner mit Rufnummern und Mail-Adressen (intern und extern, soweit möglich) wurden zusammengetragen.
6. Die Räumlichkeiten für den Krisenstab wurden sorgfältig ausgestattet: Telefon (Hotline), Beamer, Handys, Laptops mit Zugang zu Internet, Intranet und einer Medienecke (Speakers Corner zu Neudeutsch), eine kleine Teeküche und ein Notbett für eventuelle Kurzschläfchen während der Nacht im Wechsel der Krisenstabsmitglieder. Sanitäre Einrichtungen finden sich auf kurzem Weg.
7. Die Behördentelefonliste für einen schnellen, ungehinderten Informationsfluss zur Feuerwehr, den Krankenhäusern, der Polizei, den Umweltbehörden etc. und die direkten Ansprechpartner, deren Nummern nicht öffentlich sind, wurden erfasst.
8. Eine juristische Unterstützung hausseitig wurde festgelegt und aktiviert.

Im Krisentraining wurden dann alle relevanten Situationen einer solchen Brandkatastrophe durchgespielt. Die Zeitabläufe wurden so kurz gewählt, damit der Stress, wie er in Echtzeit entstehen könnte, tatsächlich aufkam. Anfragen besorgter Mitarbeiter, Koordinationsfragen der Feuerwehr, Journalisten am Werkstor, Anfragen aus dem Rathaus, von Greenpeace, vom angrenzenden Flughafen, Bürgervereinen und Trittbrettfahrern versetzten den Krisenstab in Aktion. Immer wieder forderte die Geschäftsleitung schriftliche Dokumentationen der einzelnen Schritte. Mehrere Telefonate zeitgleich, Termine mit Journalisten, Sachverständigen,

Politikern, dazu die Einpflege schreibgeschützter Dokumente im Intranet und im Mailverkehr – das ganze Programm wurde durchgespielt. Es war sehr schnell sichtbar, wer für diese verantwortungsvolle Aufgabe im Krisenstab die Richtigen sind oder nicht. Die Vorauswahl war exzellent getroffen worden, sodass nur inhaltliche Abläufe und Kommunikationstrainingselemente relevant wurden.

Krisen-Parameter als Checkliste:

Der Protokollant hält die Chronologie der Ereignisse fest.

1. Was ist passiert?
2. Wann ist es passiert?
3. Wo ist es passiert?
4. Wer hat den Schaden gemeldet?
5. Wer weiß bereits davon (intern + extern)?
6. Ist die meldende Person glaubwürdig?
7. Hat der Schadenfall hohe Auswirkungen auf das Tagesgeschäft?
8. Sind Menschen zu Schaden gekommen und sind Menschen noch in Gefahr?
9. Wie hoch ist das Ausmaß? Sind Ärzte vor Ort?
10. Sind die Betroffenen bereits bekannt?
11. Ist eine Veranlassung psychologischer Betreuung notwendig?
12. Ist die Umgebung zusätzlich betroffen?
13. Sind wichtige Betriebsteile außer Funktion gesetzt?

14. Wer ist intern Experte für das Thema und kann den Krisenstab beraten: Produktmanager, Chemiker etc.?
15. Gibt es Krisen verschärfende Faktoren?
16. Wie ist das Ausmaß der Krise gegenwärtig einzuschätzen?
17. Gibt es bereits Anfragen der Medien?
18. Welche Experten-Analysen helfen zur Klärung des Sachverhaltes?
19. Wird es finanzielle Auswirkungen (Produktionsstopp mit Auftragsverlust) geben?
20. Ist eine existentielle Bedrohung (Werksschließung, Klage) möglich?
21. Wie sieht das Image in der Öffentlichkeit (Abwehr oder Solidarität) aus?
22. Festlegung aller Konsequenzen und Folgemaßnahmen

Die Aktionen

Entsprechend der Situation müssen Sie sofort folgende Aktionen in Angriff nehmen:

- Die Anweisung an Mitarbeiter mit Außenkontakt (Pförtner, Werksschutz, Empfang, Telefonzentrale, Expedition ...) muss präzise gegeben werden.
- Als Nächstes folgt die Information externer Stellen: Polizei, Notdienste, Aufsichtsbehörden, Staatsanwaltschaft etc.
- Verfassen Sie eine Mitarbeiterinformation (Intranet oder Werksfunk).

- Veranlassen Sie die Beauftragung Dritter mit Untersuchungen oder Betreuungsfunktion (Expertenteams, Testlabore, Katastrophenschutz, Gutachter ...).
- Eine Vor-Ort-Besichtigung durch Vertreter des Krisenstabes bringt Klarheit über Ausmaß und notwendige Maßnahmen, die es zu ergreifen gilt.
- Die Information an Angehörige Geschädigter ist eine sehr sensible Aufgabe, die keinen Aufschub duldet.
- Eventuell ergibt sich ein Besuch Verletzter im Krankenhaus. Je nach Struktur ist dafür die Geschäftsleitung prädestiniert.

Presse- und Kommunikationsabteilung

In diesen Abteilungen muss zeitgleich eine Zusammenstellung aktueller Unternehmens- und Produktdaten vorgenommen werden, die auch ständig aktualisiert wird.

Videos, Fotos, Grafiken müssen bereit gestellt werden.

Ein Kommunikationsverantwortlicher muss die Internetredaktion übernehmen (Website aktualisieren; ggf. Nachrichten von der Homepage nehmen, die in dem Fall kontraproduktiv sind).

Die Vorbereitung aller Kommunikationswege (Fragen- und Antwortpapiere für interne und externe Information) schließt die Konkretisierung vorgefertigter Dokumente ein.

Für Medienanfragen müssen sofort Statements und Interviews vorbereitet werden. Falls nötig, die Pressekonferenz zu diesem Zeitpunkt ebenfalls.

Die Übung zeigte, dass es viele Helden gab, die mehr als andere leisteten, die umsichtiger waren, die den Überblick behielten und in kritischen Situationen selbst eingriffen. Trotz allem waren sie geprägt von Teamgeist und das macht einen Helden aus. Neben einzelkämpferischen Leistungen sind Helden absolut teamfähig.

Überprüfen Sie, ob der Krisenstab, das Krisenteam und vielleicht heldenhafte Herausforderungen das Richtige für Sie sind. Überlegen Sie einmal, ob Sie in der Vergangenheit innerhalb eines Konfliktes aktiv wurden, lieber das Weite gesucht haben, Probleme offen angegangen sind oder versucht haben, den Fehler lieber zu bagatellisieren.

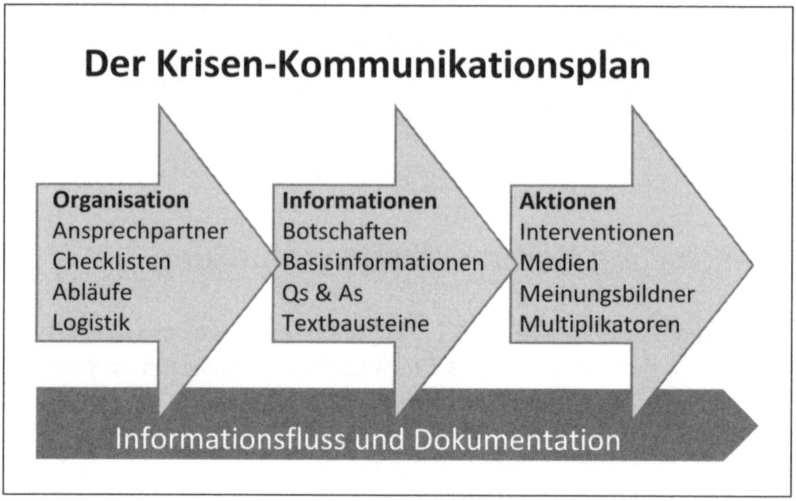

Abbildung 19: Kommunikation ist planbar

Das Krisenmanagement eines Krisenstabes ist in einer Krisensituation die Generalstabsstelle des Krisenverursachers. Es sind faktisch die Akteure je nach Weisungsbefugnis des jeweiligen Unternehmens oder der Organisation. Die Experten, auf diese Situationen vorbereitet, arbeiten Hand in Hand und arbeiten den Krisenplan ab, aktualisieren ihn und steuern die Kommunikation nach innen und außen.

Helden agieren, Helden sind Vorbilder durch Mut und Entschlossenheit, aber eines müssen Helden wissen. Ihnen wird fast nie gedankt.

„Das Ideal eines Managers ist der Mann, der genau weiß, was er nicht kann, und der sich dafür die richtigen Leute sucht," sagte einmal der Unternehmer des gleichnamigen Porzellans Philip Rosenthal. Schwächen werden zu Stärken, wenn Sie diese erkennen und sich starke Menschen an die Seite nehmen, die in ihren Defiziten stark sind.

Helden sind stressresistent, belastbar, souverän und kooperationsfähig.

Helden sind Netzwerker mit einem Erfahrungsschatz im Umgang mit Medienaggressionen und Extrembedingungen.

Helden sind Meister der Krisenkommunikation.

- *Das sind die Medikamente für Ihren Krisennotfallkoffer. Willkommen im Krisenstab.*

Kapitel 11: Das Interview – der Auftritt in der Öffentlichkeit

„Ich kann andere Leute nicht ausfragen, weil ich immer über mich selber rede.“

Harald Juhnke, Berliner Schauspieler und Entertainer

Interview im Journalismus

Medienwissenschaftler gehen davon aus, dass sowohl von den Zuschaueranteilen als auch vom öffentlichen Ansehen etwa die Talkshow als Sendeformat die klassischen TV-journalistischen Sendungen in den Schatten gestellt hat. In der Presse- und Radioberichterstattung werden mit Interviews vor allem journalistische Ziele verfolgt, dagegen nehmen in den Programmen außerhalb der speziellen Berichterstattungssendungen vorwiegend unterhaltende Spielformen des Interviews in der Gunst der Zielgruppen zu. In der Krisenberichterstattung kommen dann noch die Sondersendungen und die wissenschaftlichen Formate hinzu.

Haben Sie mal auf sich gerichtete Kameras und Mikrofone erlebt? Ein Seminarteilnehmer beschrieb das sehr passend:

„Mein Herz klopfte im Hals. Ich war so aufgeregt, obwohl ich sehr wohl wusste, worum es thematisch ging. Ich hatte schweißnasse, kalte Hände und immer das Gefühl, dass mir eine Locke quer im Gesicht hängt. Ich hatte auch den Eindruck, dass meine Zunge klebte und das mein Kopf ein Karussell war. Ob man die Schuppen auf meinem Anzug sieht? Sitzt die Krawatte richtig? Spiegelt meine Brille? Ist der Scheinwerfer nicht viel zu grell? Als dann die erste Frage kam, wurde ich ruhiger und meine Worte hörten sich aufgeregt an. Ich verkrampfte meine Hände, aber im Laufe des Interviews verlor ich die Angst, ich könnte alles falsch machen. Im TV am Abend war von meiner Aufregung nichts zu merken. Das hat mich erstaunt."

Prinzipien der Vorbereitung

In der Interviewvorbereitung sollten Sie folgendermaßen vorgehen. Zunächst ist zu prüfen, für welches Sendeformat das Interview gegeben werden soll. Zielgruppe und Aura des Senders sollten Ihnen bekannt sein. Dann steht die Frage, in welche Sendung werden Sie platziert und was für Gäste hat Ihr Interviewpartner sonst in seinen Sendungen?

In Krisenzeiten sind Vorgespräche meist nur kurz vor Aufzeichnung möglich. Das bedeutet, dass der Sprecher des Unternehmens oder des Krisenstabes besonders gut vorbereitet sein muss.

Bereiten Sie ein Bild vor

In Krisenzeiten müssen starke Bilder andere Bilder verdrängen.

Die Medien neigen dazu, bei zu wenig Bildmaterial Bilder aus den Archiven zu verwenden. Wirbelstürme in den USA, Tsunamiwellen, obdachlose Kinder in Südamerika, Qualmwolken über Köln usw.

Bei einem Produktrückruf haben wir vielleicht das Bild von einem Auffahrunfall gesehen. Dort setzen Sie ein Bild von Ingenieuren dagegen, die forschen und Tests durchführen. Bei einem Brand setzen Sie ein Bild vom heldenhaften Werksfeuerwehrmann entgegen, bei einem Klinikunfall das Bild sorgsamer Chirurgen ... das bedeutet in der Vorbereitung konkrete Bilder sprachlich vorzubereiten und diese auch emotional zu hinterlegen. Denken Sie an die Sendung mit der Maus. Komplizierte Dinge werden einfach und folgerichtig erklärt. Jeder versteht Sie und die Prozesse sind nachvollziehbar.

Nachvollziehbarkeit bedeutet auch gliedern und eine Chronologie zu beachten.

Ein Beispiel-Script mit der Reihenfolge:

- Wie ist die Nachrichtenlage?
- Welche Aussagen wurden gemacht und welche sind zu machen?
- Welche Dokumente, Zahlenwerke oder Fakten stehen zur Verfügung?
- Was haben wir in welcher Reihenfolge veranlasst?Von wem liegen uns gesicherte Erkenntnisse vor?
- Welche Analysen, Aussagen, Werte und Messergebnisse müssen wir abwarten, um den Vorfall bewerten zu können?

Die Form macht die Musik

Sie hören Radio. Eine Ihnen konfus erscheinende Psychologin erklärt, warum dieser oder jener Straftäter als geheilt aus dem Vollzug entlassen werden konnte. Sie ist fahrig, hat viele Füllwörter mit „Äh“ und rechtfertigt sich bei kritischen Fragen der Moderatorin. Sie spricht davon, dass der Täter traumatisiert ist und seine Schuld eingesteht. Nach einer kurzen Musik wird die Justizsenatorin zu diesem Thema interviewt. Ihre Antworten sind routiniert, sachlich, ruhig, abgeklärt. Sie antwortet auch nicht direkt auf die Fragen. Sie schiebt das fehlende Geld vor und benennt Schuldige wie die Polizisten, die Opposition und hat am Schluss den Satz übrig, dass das immer wieder mal passieren kann. Sie lassen die Justizkrise noch einmal an sich vorbeiziehen. Ein Wiederholungstäter wird entlassen, therapiert und für gesund empfunden. Eine Woche später fängt er sich ein Mädchen und der alte Alptraum ist wieder da.

Die Medien recherchieren und finden heraus, dass die Justiz versucht hat, mehrere Fälle zu vertuschen. Polizeiberichte verschwanden, Schweigen wurde verordnet, denn es war Wahlkampf.

Die Radiosendung ist vorbei, aber Sie stellen sich zwei Fragen:

Wie geht es zu bei einer Therapie einer solch konfusen Therapeutin? Wieso ist die Justizsenatorin noch im Amt? Was ist passiert? Aufgrund der rhetorischen Mängel der Therapeutin schließen Sie auch auf ihre schlechte Arbeit. Sie trauen Ihr gute psychologische Ergebnisse nicht zu. Bei der Politikerin haben Sie kein gutes Gefühl. Sie macht ihren Job und nach ihr die Sintflut. Die Menschen sind ihr egal. Anhand dieses Beispiels können wir ermessen, wie wichtig gerade in Krisenzeiten die richtige Interviewvorbereitung ist und was beim Interview zu beachten ist.

Stellen Sie sich vor, Sie hätten nachfolgende Formulierungen in den beiden Interviews gehört:

- „Wir fühlen mit der Verletzten. Wir sind mit den Angehörigen in ständiger Verbindung."
- „Wir bedauern alle Unannehmlichkeiten, die durch unser Verhalten entstanden sind."
- „Im Interesse unserer sicherheitsbewussten Bürger haben wir mit sofortiger Wirkung folgende Schritte eingeleitet ..."
- „Bitte haben Sie Verständnis, dass ich nur über den gegenwärtigen Stand der Erkenntnisse informieren kann.
- „Wir werden alles tun, um das Ereignis und seine Hintergründe lückenlos aufzuklären ..."

- „Wir arbeiten fieberhaft daran, das Problem zu lösen, in- dem wir bereits …“
- „Nach Aussage der Experten können wir gesichert davon ausgehen, dass ...“
- „Gern werden wir Sie über neue Erkenntnisse informieren. Zum jetzigen Zeitpunkt ist sicher, dass ...“
- „Wir werden schnell handeln. In den nächsten Stunden werden wir ...“

Sie wären wahrscheinlich etwas beruhigter. Überlegen wir, worauf es bei einem Interview ankommt und was zu beachten ist.

Der Interview-Check

Interviewer bereiten sich ebenfalls gut auf Sie vor und fragen sich, welcher Aspekt unbedingt behandelt werden muss und welcher Aspekt ausgegrenzt werden kann. Das trichterförmige Vorgehen, oben weit offen und dann unten sich verengend, bedeutet lockere Fragen anfangs, die dann den Sachverhalt immer mehr präzisieren und vertiefen. Die umgekehrte Reihenfolge wird bei Krisen kaum angewendet. Journalisten fragen sich auch, womit sie beginnen und wie sich aus einem Einstieg ein Gesprächsfaden entwickeln lässt, sodass eine themenbezogene Reihenfolge entsteht.

Moderatoren arbeiten ebenfalls mit suggestiven Techniken, wobei Frageformen wie Suggestiv-, Alternativ und Ja-Fragen eine große Rolle spielen. Nonverbale Techniken, in denen Sie der Moderator unterbricht oder anspornt, gehören zur Klaviatur eines Interviewers.

Der Weg einer Nachricht ist der, dass ein Ereignis über ein Medium an den Empfänger transportiert wird. Da innerhalb des Mediums verschiedene Menschen arbeiten, kann die Nachricht codiert werden, z. B. durch Fachtermini, durch komplizierte Schilderungen von Abläufen usw. Der Empfänger sollte die Nachricht nun decodieren. Durch die komplizierte Darstellung gelingt ihm das nicht immer.

Für die Krisenkommunikation bedeutet das, den größten gemeinsamen Code zu finden, damit die Mitarbeiter des Mediums und recht viele Empfänger Ihre Nachricht decodieren können.

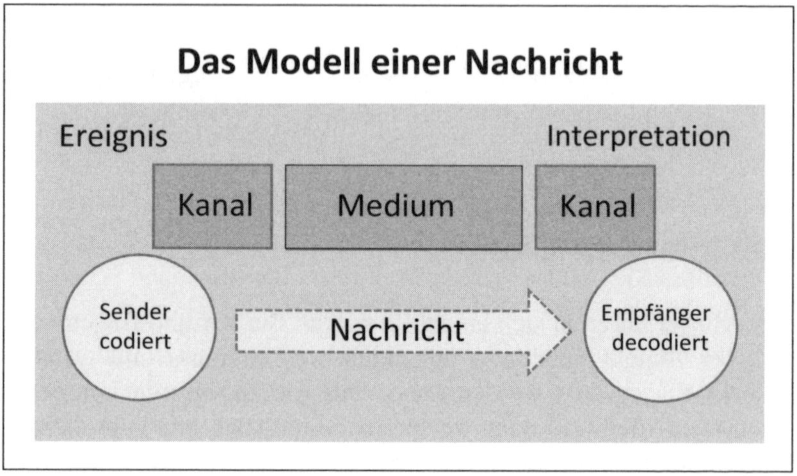

Abbildung 20: Ein Ereignis wird über ein Medium transportiert

Das Modell einer Nachricht ist auf Print- sowie Sendemedien anwendbar. Aus einem Ereignis wird eine Botschaft und wie diese Botschaft aussieht, entscheidet die Wahrheit des Senders (Sie als Krisenkommunikator, vergleichen Sie Mehdorn und Trittin), die Objektivität des Mediums (Sendeformat, Journalist, vergleichen Sie Abendschau und Sendung mit der Maus) und die Betroffenheit oder Involviertheit bzw. Sensationslust und Bildungsgrad der Empfänger (Zielgruppe der Medien, vergleichen Sie dazu ZDF und RTL).

Achten Sie auf Ihre Worte und vor allem auf die Wirkweisen:

- Formulieren Sie konkrete Botschaften, die nachvollziehbar und nachhaltig sind. Mit Aussagen, wie beispielsweise: „ Wir stimmen Dinge mit unseren Behörden ab. Wir haben entsprechende Untersuchungen hier am Ort. Aus allen Ereignissen, die hier stattfinden, bemühen wir uns zu lernen, die Dinge für die Zukunft zu verhindern." Unter Dingen, entsprechenden Untersuchungen etc. kann sich der Zuschauer nichts vorstellen. Beschreiben Sie stattdessen die Maßnahmen konkret: Was stimmen Sie ab? Welche Untersuchungen sind das? Welche Experten haben Sie hinzugezogen? Was machen diese konkret? Was lernen Sie aus den Ereignissen?
- Halten Sie stabilen Blickkontakt zu Ihrem Interview-Partner. Ein offener und aufmerksamer Blick signalisiert Ihren Zuschauern, dass Sie intensiv und konzentriert „bei der Sache" sind. Ein „wandernder Blick" wirkt unruhig, ablenkend und ausweichend.
- Satzeinleitungsfloskeln wie: „Das muss ich jetzt mal richtig stellen ..." oder „Danke, dass Sie mich jetzt auch mal sprechen lassen ..." oder „Nun haben wir ja schon ausführlich zu diesem Thema gesprochen, deshalb will ich da noch etwas anfügen ... lassen sie mich mal kurz ein paar Dinge erläutern ...", bringen Sie schnell in eine defensive Position. Antworten Sie direkt auf die Frage. Das wirkt fachlich kompetent.
- Ersetzen Sie lange Relativsätze durch kurze Sätze mit Subjekt, Prädikat, Objekt. Sie erleichtern das Zuhören und verbessern das Verständnis für Ihre Ausführungen. Vermeiden Sie auch Vorwegnahmen, Rückbezüge und Einschübe.
- Arbeiten Sie verstärkt mit anschaulichen Beispielen: „Ein Expertenteam ist vor Ort. Die untersuchen die Rohrleitungen bis in den letzten Winkel. Sie drehen jeden Stein um ..." Menschen sind empfänglicher für klare Bilder als für gebildete Erklärungen. Anschaulichkeit schafft nachvollziehbare Fakten.

- Gebrauchen Sie Aussagen aus der persönlichen Perspektive: „Ich habe sofort veranlasst, dass ..." oder „Ich bin der Meinung, dass die Sicherheitsbestimmungen eingehalten worden sind.") Mit Hilfe von „Ich"- Botschaften werden Sie als Mensch und nicht nur in Ihrer Funktion als Sprecher, oder Produktmanager, Laborleiter oder Geschäftsführer wahrgenommen. Sie wirken menschlich-authentisch und geben Ihrem Unternehmen ein persönliches und glaubhaftes Gesicht.
- Lassen Sie sich Zeit. Bleiben sie konzentriert und antworten Sie nicht hastig. Eine stressfreie, anschauliche und gewinnende Argumentation unterstützt Sie, Ihre Botschaft glaubhaft voranzubringen.
- Modulieren Sie Ihre Sprache und besonders Ihre Botschaft. Intensivieren Sie stimmliche Akzente und Highlights. Setzen Sie gezielt Wirkpausen ein und variieren Sie Lautstärke und Sprachmelodie. So bringen Sie mehr Dynamik in Ihre Darstellung und können auch Ihnen wichtig erscheinende Punkte besser hervorheben. Vor allem beim Statement.
- Formulierungen wie „Vorfall" oder „Ereignis" wirken bagatellisierend. Nenne Sie die Dinge beim Namen: der Brand, der Tankerunfall, die Patientenklage, die defekte Verkabelung ... Damit geben Sie Ihrer Aussage das nötige Gewicht.
- Vermeiden Sie das Bewerten der Fragen und Argumentationen der Journalisten („Das ist völlig richtig..." oder „...das ist eine gute Frage"). Beschreiben Sie stattdessen und steigen Sie mit einer plausiblen Argumentation in Ihre Antwort ein.
- Lassen Sie sich nicht auf Detaildiskussionen und Spekulationen ein. Entscheidend ist nicht die Fülle der Antworten, sondern, ob Sie das Entscheidende zur Sprache gebracht haben.
- Die Kunst des Weglassens ist eine der schwierigsten Aufgaben, wie wir im Kapitel über das Statement erfahren haben. Die Faustregel heißt: „So wenig Kommunikation wie möglich, soviel wie nötig." Redundanz führt oft dazu, dass zu viele Informationen sich gegenseitig die Wirkung nehmen oder die Botschaft verwässern.

- Formulierungen wie „Sie wissen..." veranlassen Ihre Zuhörer zum Weghören. Sie verstehen das als Signal, dass jetzt eine bereits bekannte Information folgen wird.
- Vermeiden Sie Konjunktivkonstruktionen „ich würde ... Sie sollten ..." Sie relativieren damit Ihre Aussage und rauben ihr den Nachdruck. Drücken Sie Ihre Position klar aus: „Ich werde ... ich erwarte ..." (statt der häufig gebrauchten Wortkombinationen: „würde ich mal sagen, ich würde an dieser Stelle behaupten, würde ich mal denken...")
- Zur Beantwortung bohrender Fragen nehmen Sie sich Zeit für eine Pause von ca. ein bis zwei Sekunden. Bilden Sie kurze, prägnante Sätze. Der Vorteil liegt darin, dass Sie automatisch Flicklaute wie „äh" und „ähm" vermeiden und besser mit der normalen Atemweise sprechen können. Das verbessert Ihre Sprachmelodie und die Wirkung Ihrer Botschaft. Denken Sie dabei auch an die Statement-Technik.
- Mit Negativformulierungen und Dementis wie „Ich kann nicht überall sein ..." oder „... die Diskussion sparen wir uns ..." oder „... die Frage nach dem Schuldeingeständnis steht nicht zur Diskussion" lenken Sie die Aufmerksamkeit auf Nebenkriegsschauplätze und stärken den Jagdinstinkt der Journalisten. Sie wiederholen das negative „Klingelwort" „Schuldeingeständnis" und bringen sich selbst damit automatisch in eine defensive Position der Rechtfertigung. Sagen Sie nicht, wie es nicht ist, sondern sagen Sie, wie es ist. „Das ist keine Katastrophe ... von wegen Horrorszenario ... wer vergräbt denn schwarze Kassen im Garten? Am Ende kommen Sie mir noch mit Lichtenstein ..."
- Vermeiden Sie zu stark akzentuierte Fachtermini. Für die Medien sind umgangssprachliche Begriffserklärungen zielgruppenrelevant („...zunehmend entscheiden sich auch jüngere Schwangere für eine Amniozentese, die im Ersttrimester-Screening angewendet wird, oder ..."). Erklären Sie Begriffe, wenn Sie diese benutzen, oder beschreiben Sie, was man sich darunter vorstellen muss.

- Vermeiden Sie auch in diesem Zusammenhang Anglizismen („... die Spezialisten für Customer Care im Relationship Management und Business Process Outsourcing haben versagt ...“). Das klingt nicht nur albern, es verzerrt die Wirklichkeit und raubt Ihnen Verständnis.
- Sprechen Sie den Journalisten nicht zu häufig mit Namen an, wenn er Ihnen bekannt ist. Das klingt vertraut und „abgekartet.“ Ja, Frau Illner, da gebe ich Ihnen Recht Frau Illner.“
- Viele Menschen nicken unbewusst, wenn sie gefragt werden. Vorsicht, das wirkt wie eine Bestätigung. Stellen Sie sich vor, Sie nicken in einem Interview zu dieser Fragestellung: „ Sie haben den Wirkstoff schon mehrfach an Tieren ausprobiert. Ist denn trotz Computersimulation eine solch brutale Tierversuchsreihe überhaupt noch notwendig?“
- Machen Sie aus den Ereignissen nie eine Bagatelle. Millionen Verluste sind keine Peanuts und gestorbene Menschen sind keine Formfehler. Massenentlassungen sind nicht nur Maßnahmen zur Ertragsverbesserung, abgehangene Kreuze sind keine Toleranzbotschaften, steigende Versicherungskosten sind keine Reformen. Spielen Sie niemals im Verteidigungsreflex kritische Aspekte einfach nur herunter. Allein in solchen Worten wie „eigentlich, relativ, vergleichsweise, nur und kaum“ stecken Bagatellisierungen. „Es ist vergleichsweise wenig Öl in den Boden gesickert ... es waren nur 40 Liter ...“
- Reduzieren Sie Ihre Botschaft auf eine kurze und prägnante Argumentation. Wiederholungen dabei sind oft sinnvoll und auch legitim. Sie schaffen dadurch Nachhaltigkeit. Nur ein Bruchteil der Inhalte hat die Chance auf Langlebigkeit. Nur Vorsicht. Die gebetsmühlenartige Wiederholung ist nicht gemeint. Es ist wie in der Werbung. Oft wiederholte Botschaften glauben die Menschen und nehmen diese dann als ihre eigenen Wahrheiten an.

- Setzen Sie eine lebendige Körpersprache in Mimik und Gestik, die Ihre Argumentation sehr unterstützt, ein. Verfügen Sie über keine Gestik, sondern halten Sie Ihre Hände eher „gefesselt", dann üben Sie einfache Handgesten. Verstecken Sie nie Ihre Hände hinter dem Körper. Das wirkt, als hätten Sie etwas zu verbergen.
- Achten Sie verstärkt auch darauf, dass ein etwas Unruhe erzeugender Wechsel von Stand- und Spielbein bei den meisten Menschen eine unbewusste Art des Stehens ist. Mit der stabileren Art des Stehens gewinnen Sie mehr an Statik und werden mit Ihren Aussagen noch glaubwürdiger und authentischer wahrgenommen.
- Pauschalisieren Sie nicht, beispielsweise „ mit Sicherheit haben wir alle Faktoren beachtet ..." oder „... so etwas ist uns noch nie passiert!", oder „... das sage ich doch schon immer ..." Journalisten verstehen ihr Handwerk, deshalb werden sie die Ausnahme finden, in der Ihnen das passiert ist ..."
- Die letzten Worte eines Interviews bleiben dem Zuschauer besonders in Erinnerung. O-Ton: „... von Schlamperei würde ich nicht sprechen wollen ..." Wichtig ist, dass Sie am Schluss noch einen positiven Appell oder eine Botschaft platzieren. Sie geben sich und dem Unternehmen eine positive Nachhaltigkeit. In Krisen ist gerade die Botschaft, die Zuversicht und Kompetenz ausstrahlt, wichtig.
- Vor und nach der Abmoderation sollten Sie stabil bleiben. Manchmal ist das Mikro noch an oder die Kamera läuft, dann sind das Fallenlassen der Schultern, das Kratzen am Ohr, Ihr Grinsen oder Ihre Worte „endlich vorbei" noch auf Sendung.

In einem Kommunikationstraining können Sie diese Punkte alle vor einer Kamera ausprobieren. Sie werden sehen, dass das Fremdbild ein anderes ist als Ihr Selbstbild. Training bringt diese Bilder zusammen und stellt eine kongruente Medienerfahrung her.

Das Hörfunk-Interview

Und plötzlich klingelt unerbittlich das Telefon. Ein Journalist will von Ihnen die Rettungsmaßnahmen kurz erläutert haben, am besten sofort. In 25 Sekunden auf den Punkt informiert.

Schnelligkeit ist das Journalisten-Elexier, wenn es darum geht, als Erster zu informieren und den Mitbewerbern voraus zu sein.

Wissen Sie, wie Sie in einer solchen Situation mediengerecht und inhaltlich richtig reagieren können? Der Telefonanruf bleibt auch in Zukunft eine der am meisten bevorzugten Kontaktmöglichkeiten für Journalisten, die in Krisenzeiten aktuell informieren müssen, ob für die Zeitung kurz vor Drucklegung, die Online-Redaktion einer Nachrichtenagentur oder das regionale Radio. Wenn Sie am Telefon mit Journalisten professionell umgehen, müssen Sie nicht reagieren, sondern können agieren.

Werden Sie zu einem Interview ins Radiostudio oder am Telefon eingeladen, sehen die Anforderungen an Sie etwas anders aus als beim TV. Einer meiner Seminarteilnehmer wurde angerufen. Er sollte sich schnell mal äußern zu den Drohungen der Erpresser mittels vergifteter Lebensmittel. Er schaffte es, den Journalisten der Radiostation auf einen Zeitpunkt in einer Viertelstunde einzuschwören. 15 Minuten Vorbereitungszeit würden ihm reichen, schließlich war er der Sprecher. Er erinnerte sich meiner Worte:

- Beim Hörfunk-Interview sollten Sie daran denken: Wer nicht sehen kann, muss hören. Verstärken Sie Ihre Sprachmodulation.
- Das Bilden einer Botschaft muss statementartig funktionieren, daher trainiert werden.
- Zahlenmaterial, Daten, Fakten werden zurechtgelegt. Wichtiges ist bereits unterstrichen oder mit einem Marker gekennzeichnet. Vergessen Sie nicht die Quellen zu benennen.
- Schlagworte, Bildersprache, Vergleiche sollten Sie schon vorbereiten.

- Einen Schluck trinken entspannt Sie (bitte keinen Sprudel ...), danach durchatmen und entspannen.
- Bilden Sie kurze, einfache Sätze mit lebendiger Betonung, denn man hört Sie, sieht Sie aber nicht, also ist der akustische Reiz zu verstärken durch gute eigene Lautstärke und keine hastigen Atemgeräusche.

Er ließ sich das Telefonat in einen separaten, ruhigen und ungestörten Raum durchstellen. Er wusste, dass er besser reden konnte, wenn er stand. In dem Raum hatte er ein Pult bringen lassen, auf dem das Telefon bereit gestellt wurde. Bei der Schlussfrage des Moderators hat er noch einmal seine Botschaft, dass die Verbraucher nichts zu befürchten haben, wiederholt.

Wichtig für Sie ist, nicht unvorbereitet ein Interview zu geben. In Überfallsituationen versuchen Sie das Interview auf einen späteren Zeitpunkt zu vertagen, ohne dass Sie sich mit Fragen zum Thema locken lassen.

Keinen Kommentar zu geben und die Kamera zuhalten ist ebenfalls ein Tabu für Sie. Geben Sie dem Journalisten Ihre Karte, machen Sie sich erreichbar, denn er ist Ihr Kunde, den Sie mit Informationen beliefern. Alles andere später.

Medienkommunikation

Fachleute	Medien	Krisen-Kommunikation
Fachtermini	einfache Darstellung komplexer Themen	verständlich, anschaulich
korrekt	plausible Erklärungen	Interessante Darstellung, Hintergründe
abstrakt	Persönliches, intime Einsichten	menschlich und konkret
orientiert auf Ergebnisse	orientiert auf Unterhaltung	orientiert auf Empfänger

Abbildung 21: Medienkommunikation

Abbildung 21 zeigt die unterschiedliche Herangehensweise an eine Krisensituation. Die Krisenkommunikation ist die dritte Disziplin (rechte Spalte), die aus einem Sachverhalt eine Dimension erstellt, die einerseits die Sensationslüsternheit mindert und die auf der anderen Seite die allzu sachliche Faktendiskussion (linke Spalte) in eine auch emotionale Ebene führt.

Sie bauen die Brücke zwischen Ihnen und dem Empfänger, oder Ihrer Zielgruppe durch diese Fokussierung. Interviews lassen Sie als ganze Persönlichkeit erscheinen. Man sieht Ihr Gesicht auch mal im Großformat, man filmt Ihre Hände, Ihre Kleidung. Stimmen Sie sich deshalb mit einem Mitarbeiter ab, der Sie als Coach begleitet und einen Blick auf Sie hat. Er liest Ihnen die Haare von der Schulter, rückt die Krawatte zurecht und prüft die Umstände und Hintergrundgestaltung kurz vor dem Interview.

Abbildung 22: Karikatur: Der ewige Rucksack

Lampenfieber

Sie selbst sind da meist zu aufgeregt, um an alles um Sie herum zu denken, deshalb ist ein Coachingpartner wichtig. Sicher verspüren Sie Aufregung. Das ist gut. Ich kenne keinen Schauspieler oder Entertainer, der das nicht hat, denn es treibt Ihren Adrenalinspiegel nach oben. Adrenalin ist ein im Nebennierenmark gebildetes und in Stresssituationen ins Blut ausgeschüttetes Hormon. Als Stresshormon vermittelt Adrenalin eine Steigerung der Herzfrequenz, einen Anstieg des Blutdrucks. Im Zentralnervensystem kommt Adrenalin als Neurotransmitter in Nervenzellen vor. Das hat den Effekt, dass Sie schneller denken und reagieren können. Also, keine Aufregung, denn es wichtig, dass Sie auf ein hohes Leistungsniveau fahren, das der Zuschauer nicht bemerkt. Trinken Sie in Ruhe ein Glas stilles Wasser und plaudern Sie wenn möglich mit dem Redakteur. Das entspannt und entkrampft etwas. Atmen Sie ruhig ein und aus und Sie werden merken, alles wird gut.

Medien sind auf Unterhaltung bedacht. Bedienen Sie die Medien durch die Auseinandersetzung mit der Zielgruppe, die sich aus der Mischung von Ergebnisorientierung und Unterhaltung zur Empfängerorientierung entwickeln lässt. Botschaft nach vorn, Statementtechnik nicht vergessen und dann reden Sie als authentischer Mensch, dem das Herz auf der Zunge liegt, denn der, der moderiert oder die Fragen stellen muss, hat es schwerer als Sie.

❖ *Eine gute Interviewvorbereitung ist wie schmerzlindernde Wundbrandsalbe und liegt vorsortiert in Ihrem sich füllenden Krisennotfallkoffer.*

Kapitel 12: Das Internet – ein Click zur Information

„Wenn Sie heute auf dem Klo sitzen und reißen das letzte Blatt ab, sind Sie doch irgendwie enttäuscht, wenn da nicht eine Internet-Adresse draufsteht und Sie zum Klopapier vertiefende Informationen anfordern können."

Friedrich Küppersbusch, Journalist und TV-Produzent

Das Hochgeschwindigkeitsmedium

Nichts ist in den letzten Jahren so rasant gewachsen wie das Internet. Mit seiner hochgeschwindigkeitsartigen Verbreitung wird die Rolle des Internets als Krisensteuerungsinstrument immer bedeutender.

Einerseits ist das World Wide Web eine riesige Gerüchteküche, da jeder unkontrolliert Informationen einstellen kann. Um dem entgegenzuwirken, sollten Sie den Internetauftritt Ihren Unternehmens pflegen.

Andererseits ist es inzwischen für viele aus Wirtschaft, Politik und Gesellschaft eine digitale Kommunikationsplattform, eine Werbewelt und das Informationsmedium, das selbst den „Brockhaus" zum Umdenken brachte.

Das Internet ist schlechthin das Synonym für die digitale Zukunft. Und es ist:

- Visitenkarte
- Prospekt

- Markenwelt
- Imageträger
- Aushängeschild
- Produktkatalog

In Krisengefahren haben Unternehmen und Organisationen immer weniger Zeit zu reagieren. Die Medien und die betroffene Öffentlichkeit erwarten von Ihnen auf schnellstem Wege umfassend informiert zu werden. Seitdem das Internet als Schnellmedium erkannt und genutzt wird, kommen noch weitere Punkte der Informationskultur dazu, die für Ihre Arbeit relevant sind:

- Richtigstellungsinstrument
- Aufklärungsplattform
- Informationsträger

und mit einer Krisenplattform (Denglish: Dark-Side) auch ein nicht zu unterschätzendes *Kriseninformationsinstrument.*

Die mögliche Einflussnahme des Internets auf den Verlauf einer Krise können Sie steuern, denn diese hängt entscheidend davon ab, wie gut sich das betroffene Unternehmen oder die Organisation mit einer solchen Krisen-Website vorbereitet hat.

Im Ernstfall dient es als ein schnelles und flexibles Kommunikationsinstrument zur Aufklärung, Information und zur Richtigstellung von Falschmeldungen, die eventuell im Umlauf sind. Es ist der schnelle und direkte Weg des Einflusses für Sie. Das Beste dabei ist die kurzfristige Bereitstellung von „News" in Form von:

- Pressetexten
- Bildern, Grafiken
- Gegendarstellungen
- Video- und Audio-Dokumenten
- Terminen
- Einladungen, z. B. für Pressekonferenzen

Über die Steuerung von Zugangsdaten für geschützte Bereiche können Sie so bewusst Informationen gliedern und nur den relevanten Zielgruppen (Betroffene, Anwohner, Investoren, Lieferanten, Sicherheitskräfte, Umweltverbände und andere Interessengruppen) zugängig machen. Pressematerialen, zugeschnitten für Presselayouts und Sendeformate, Hintergrundberichte, Infografiken und Zahlenwerke lassen sich zum Herunterladen bereitstellen. Denken Sie dabei an die Arbeit im Krisenstab, so ist eine Schnittstelle zur Internetredaktion eine wichtige Führungsaufgabe, die bereits im Vorfeld technisch gelöst werden muss, sodass im Ernstfall bereits die Instrumentarien bereitstehen.

Die Vorteile einer Krisen-Website

In einer Krise wird über den Verursacher geschrieben, gefilmt und Informationen jeglicher Art und Unart verbreitet. Der wichtigste Vorteil ist deshalb die Möglichkeit für Sie, die Sichtweise des Unternehmens oder der Organisation darzustellen. Die Ursachen und Folgen einer Krise, ungefiltert durch die Medien, darzulegen und zu dokumentieren, das können Sie mit diesem Medium als Chance ansehen.

> Die Gestaltung der Internetsite kann den Stimmungsbildern der Medien entgegenwirken, Sicherheitsmaßnahmen und Konsequenzen zeigen. Oft werden Werbeaussagen in Krisenzeiten zitiert und in der Auseinandersetzung mit der Öffentlichkeit die Reputation von Marken in Frage gestellt. Hierbei können Sie die Prioritätenordnung der einzelnen Seiten so verändern, dass sachliche Informationen vordergründig sind und das „allzu Markige“ mehr in den Hintergrund treten kann.

Was ist vorzubereiten?

Priorität besitzt zunächst die Frage, wer eine solche Krisen-Website vorbereiten kann. Internetexperten sind hier zu Rate zu ziehen, die auch dann die Mitarbeiter schulen, die im Krisenfall den aktuellen Datenbestand jeweils in ein Redaktionssystem einpflegen können:

- Online-Kommunikationskonzept
- Krisen-Workflow-Management
- Technische Architektur mit maximaler Performance
- Schaffung einer Informationsplattform mit Kontakt- und Datenauswahlmöglichkeiten wie Angebote zum „Runterladen", passwortgeschützte Bereiche, Videosequenzen ...
- Redaktionswerkzeuge zur individuellen Datenpflege

Oftmals sind heute Internetauftritte hochkomplexe Werbelandschaften, Marken- und Produktwelten, Firmenphilosophieträger und Aushängeschilder für Innovationen, in denen man zeigt, was man kann.

> Für Krisen-Websites sollte das Kommunikationskonzept schlichter und vor allem bedienerfreundlich ausfallen. Mit wenigen „Clicks" sollte der Nutzer zum Ziel gelangen. Vor allem auf Übersichtlichkeit muss Wert gelegt werden, denn nichts ist kostbarer in einer Krise als Zeit, für den betroffenen Anwohner wie für den berichtenden Journalisten.

Das Internet kann somit ein Deeskalationsinstrument in einer Krise sein.

Beginnen Sie bereits heute Ihre Internetseiten zu durchforsten, wie der Krisenkommunikationsbereich aussehen und funktionieren könnte.

Mitten in der Krise haben Sie diese Zeit meist nicht mehr.

- ❖ *Ein passwortgeschützter Bereich gehört also auch in Ihren modernen Krisennotfallkoffer.*

Kapitel 13: Krisenkommunikation – ein Markenschutzinstrument

„Du bist eine Marke. Streng Dich an, dann bleibt das auch so."

Mein Großvater, Fabrikant und Künstler

Marke und Krise

Die deutsche Markenartikelindustrie warb einmal mit dem Slogan: „Die Marke. Etwas anderes kommt mir nicht in die Tüte." Mit 25 Millionen Euro wurde diese Kampagne finanziert. Warum? Nun, die Marke war in die Krise gekommen. Die schwindende Markentreue der Deutschen ist zum ernst zu nehmenden Problem geworden. Kann eine Marke überhaupt in die Krise kommen, fragen sich die Marken-Experten und haben längst die befürchtete Antwort erhalten: Ja!

Wir unterscheiden vor allem drei Aspekte.

- Aspekt 1: Die Marke ist in eine Krise geraten, weil ein Produktfehler verheerende Auswirkungen hat.
- Aspekt 2: Die Qualität einer Marke allgemein hat drastisch nachgelassen.
- Aspekt 3: Die Marke ist in der Krise, weil das Unternehmen eine Krise entfacht hat.

Aspekt 1: Die Marke ist in eine Krise geraten, weil ein Produktfehler verheerende Auswirkungen hat

Qualität und damit Vertrauen verschafft Marken jene Stärke, die ihnen die Aufmerksamkeit und Gunst der Käufer sichert. Eine Marke muss als Exklusivitätsmerkmal unter dem Aspekt der Differenzierung wahrgenommen werden. Eine Marke besitzt Einzigartigkeit und Strahlkraft. Sie unterscheidet sich durch Ihre Produkteigenschaften oder auch eine Unternehmensleistung wie exklusive Distribution von anderen Produkten. Jede Marke besitzt einen einzigartigen Vorteil.

Marken sind wie Lebewesen. Sie brauchen ein gesunde Markenpolitik, sonst kränkeln sie oder sterben. Das bedeutet für das Markenmanagement höchste Sorgfalt, Zuverlässigkeit und Konstanz.

Der Gesetzgeber (ProdHaftG, Bundesministerium für Wirtschaft und Technologie) sieht das so: „Die Haftung nach dem Produkthaftungsgesetz enthält eine Gefährdungshaftung für fehlerhafte Produkte. Die Haftung knüpft nicht an ein Fehlverhalten des Herstellers an, sondern an die Fehlerhaftigkeit des Produkts im Zeitpunkt des Inverkehrbringens. Dem Geschädigten obliegt allein der Nachweis der Fehlerhaftigkeit des Produkts und einer bei ihm aufgrund der Fehlerhaftigkeit eingetretenen Rechtsgutsverletzung ..."

In der Praxis findet man jede Menge Produktfehler, Produktrückrufe und Verbraucherwarnungen. Auch große und bekannte Marken sind dabei. Gerade bei technischen Produkten können Fehler passieren, da oft die Entwicklungszyklen aus Konkurrenzgründen sehr verkürzt werden.

Was bedeutet das für Ihre Markenkommunikation?

- Pflegen Sie einen aufrichtigen Umgang mit den Kunden, d. h. verharmlosen Sie nichts oder reden Sie nichts schön. Aktives, offenes Kommunizieren ist hierbei angebracht.

- Eine Wiedergutmachung des Schadens sollte in der Kommunikation Ihr Anliegen sein.
- Kommunizieren Sie außerdem einen echten Zusatznutzen für die Betroffenen.
- Die Regel für Sie heißt: statt Arroganz Demut.
- Positive Kommunikation über Fehlerbeseitigung und deren innovative Lehren wendet Schaden von der Marke ab.
- Kommunizieren Sie eine Qualitätsoffensive als Chefsache.

Aspekt 2: Die Qualität einer Marke allgemein hat drastisch nachgelassen

Nach einem Coaching fuhr ich in einem Taxi von Strande, ein wunderschöner Ort in der Nähe Kiels, nach Kiel zum Hauptbahnhof. Das Toyota-Taxi fuhr über den verregneten Autobahnabschnitt und nach wenigen Kilometern bemerkte ich, dass mein Bein an der Tür völlig nass wurde. Ich kontrollierte die Fensterscheibe, die richtig verschlossen war. Die Tür war ebenfalls sorgfältig geschlossen. Ich sagte dem Taxifahrer, dass es in sein Taxi hineinregnet und ich ein nasses Knie habe, worauf eine Schimpfkanonade auf die mangelnde Qualität der Taxen aus Japan seitens des Taxifahrer begann, die darin endete, dass er seinen Chef einen Esel nannte, der billig mit gut verwechselt zu haben schien. Das Taxiunternehmen hatte auf Toyota umgestellt und ärgerte sich nun mit den acht nicht auf Dauerbetrieb ausgelegten Toyota Avensis im täglichen Einsatz des Taxibetriebes.

Zu Anfang des Jahres 2008 schrieben Martin Kölling und Marco Dalan in einem Beitrag „Aus jeder Krise ein Erfolg“ in der WELT: „Toyota wächst rasant. Doch darunter leidet die fast schon legendäre Qualität der Autos. Der Vorstand ist froh, im Konzern endlich wieder Dampf machen zu können.“

Auf dem Höhepunkt seiner Macht übte sich Katsuaki Watanabe ein wenig in Krisenstimmung. „Es ist sehr beschämend, was ich Ihnen mitteile“, sagte der Chef des derzeit weltweit erfolgreichsten Autokonzerns Toyota bei seinem ersten Besuch auf der amerikanischen Automesse in Detroit 2008. „Wir hatten Fälle, in denen Qualitätskontrollen nicht voll ausgeführt wurden." Hektisch schrieben die anwesenden Journalisten den unerhörten Satz in ihre Blöcke: Konzernchef Watanabe hält seinen Mitarbeitern lieber via Weltpresse die jüngsten Qualitätsrankings vor Augen. Und die sind schlecht: In den Vereinigten Staaten rutschte Toyota im vergangenen Jahr von Rang eins auf Rang fünf ab. Und in der neuesten ADAC-Statistik verdrängten die deutschen Hersteller die Japaner fast vollständig aus den Top-10 ... So will Toyota-Chef Watanabe seine Belegschaft vor der für ihn größten Gefahr nach 50 Jahren Erfolg schützen: ‚Selbstzufriedenheit'.

Die Geschichte von Toyota ist dabei sehr lehrreich, denn nach Toyotas Geburt kämpfte das Unternehmen mit Qualitätsmängeln. Die Firma balancierte am Abgrund. Noch bevor die neue Produktionsmethode voll umgesetzt werden konnte, wurde Japans Armee zum Retter. Toyota musste ab 1937 Japans Eroberungskriege im asiatisch-pazifischen Raum motorisieren. Es sollte nicht das letzte Mal sein, dass Toyota von einer militärischen Auseinandersetzung profitierte. Im Korea-Krieg füllten Aufträge der US-Armee die leeren Kassen, just auf dem Höhepunkt von Toyotas Krise. Der Rest der Erfolgsgeschichte ist Ausführung. Toyota wurde im Heimatland Marktführer und ging als erster japanischer Autobauer in die USA. Zu Beginn holte sich Toyota wie die Chinesen heute in Europa eine blutige Nase. In den vergangenen Jahren steigerte der Konzern die Produktion jährlich um rund 600 000 Kraftwagen.

Aber genau dieses rasante Wachstum stellt derzeit auch die größte Herausforderung für Toyota dar. „Ein Problem könnte für Toyota werden, dass sie sich an ihrem enormen Wachstum verheben", so Stefan Bratzel, Leiter des Center of Automotive an der Fachhochschule der Wirtschaft in Bergisch-Gladbach. Die Logistikketten sind inzwischen überdehnt, in der Organisation „knirscht es gewaltig", verrät ein westlicher Toyota-Manager. Denn das Unternehmen muss auf der einen Seite jedes Jahr Tausende neuer Mitarbeiter in den Toyota-Weg einweihen, während Tausende von Ingenieuren fehlen.

Ob Toyota diese Probleme meistern kann, ist derzeit offen. Als Unsicherheitsfaktor sieht UBS-Analyst Yoshida die Tatsache, dass *die Nachwuchsmanager keine Krisenerfahrung* haben und nicht wie beispielsweise die Mitarbeiter bei Honda und Nissan in den 90er-Jahren gegen eine Pleite kämpfen mussten. Vielleicht haben sie ja das Krisengefühl verloren, das Toyotas Stolz davor bewahrte, zum Hochmut zu werden, sagt Yoshida. „Doch bisher managt Toyota die Probleme gut", erkennt er an.

Das Management hat auf die Fahrzeugmängel reagiert und ein weltweites Netz von Trainingszentren aufgebaut. Die Qualitätssicherung hat Top-Priorität. Zwei Vize-Präsidenten sind dafür zuständig, darunter der Enkel des Toyota-Gründers Akio Toyota. Zusätzlich konzentriert sich ein weiterer Top-Vorstand auf die Aufgabe.

Das ist ein Beispiel für Krisenprävention durch Krisenmanagement einer Marke. Qualität als Dreh- und Angelpunkt in der Markenpolitik, Top-Priorität auf höchster Managerebene, denn fehlende Qualität führt zu einer Glaubwürdigkeitskrise der Marken. Wir lernen daraus, dass das sensible Lebewesen Marke vor allem Pflege braucht in puncto Qualität.

Opel hatte ein ähnliches Problem. Die allgemein mangelnde Qualität war die Achillesferse, entstanden durch den Sparkurs des Chefeinkäufers Lopez. Nach dem erheblichen Kundenschwund wurde die Qualitätsoffensive kontinuierlich betrieben und das Gesunden der Marke schrittweise kommuniziert. Das war ein langer Weg, den die Rüsselsheimer mit großer Leidenschaft gingen.

Erst „Opel – wir haben verstanden", dann „Opel – frisches Denken für bessere Autos" und heute „Entdecke Opel."

Die mehrstufige Kommunikation ging einher mit dem mehrstufigen Qualitätsmanagement. Erst zuverlässige Technik, dann eigenständiges Design, dann Service mit langen Garantien und guten Preisen.

Wie werden die Veränderungen kommuniziert, die Opel aus der Krise geführt haben?

- Die Kommunikation der neuen Qualitätsparameter wurde auf der sachlichen sowie auf der emotionalen Ebene streng geführt.
- Die Kommunikation der unternehmerischen Vision und der Marke wurde mit starken Leitbildern versehen.
- „Stellen Sie sich mit den neuen Produkten offen für Tests zur Verfügung und kommunizieren Sie dies," war die Aufgabe und es entstand die Kampagne: „Machen Sie den Opel-Test als einmalig in der Geschichte des Blitzes angelegte Testfahrer-Aktion.
- Kommunizieren Sie Beispiele aus Ihrer Zielgruppe, die Ihnen die Treue hält, ist ein beherzter Rat.

Aspekt 3: Die Marke ist in der Krise, weil das Unternehmen eine Krise entfacht hat

Bei diesem Thema denken Sie bestimmt sofort an Shell, an Lipobay, an Humana, an Coca-Cola, an Levis und viele andere kurzzeitig in die Krise geratene Marken. Krisen gehören auch zum Leben von Marken. Hier zeigt sich dann Ihr Markenführungsstil, ob die Marke aus einer solchen Krise gestärkt hervor gehen kann oder Dauerschäden erleiden muss. Starke Marken wie AEG, Schaub Lorenz und Valensina überleben sogar ihre Unternehmen.

> Gerade in Krisen zeigt sich die Stärke von Marken und der Kommunikation von Markenwerten.

Starke Kommunikation für starke Marken erfordert von den Kommunikationsabteilungen wie Presseabteilung, Produktmanagement und Marketing besondere Leistungen und Sensibilität bei der Marktbearbeitung und der Markenführung:

- Eine ehrliche, aufrichtige Aufklärung zum Schutz des Markenimages ist ein Grundstein für Ihre Markenphilosophie.
- Aktive und frontale Aufklärung als aktiver Part ist Führungsstärke, die Sie damit beweisen.
- Die Einsicht, dass Sie aus Fehlern lernen, rückt in den Fokus der Kommunikation.
- Ist Ihre Marke unwiderruflich zerstört, hilft nur noch die Umbenennung (z. B. wurde aus Texaco dann die Marke Dea). Dem Nachrichtenmagazin Stern hätte dies auch gut getan, denn was nach dem Hitler-Tagebücher-Skandal übrig blieb, ist heute noch zu spüren.

Angesichts eines immer unübersichtlicheren Produktangebots orientieren sich die Verbraucher zunehmend am Preis und an der Stärke sowie Strahlkraft einer Marke. Fehlt die Profilierung, ist auch ein Vakuum in der Kommunikation zu entdecken, was sich in einer Krise als äußerst schwierig erweist.

Krisenkommunikation zum Schutz der Marke und zur Schadensbegrenzung ist Chefsache.

Abbildung 23: Markenimage in Krisenzeiten

Austauschbare Produktaussagen ernüchtern den Konsumenten, deshalb ist eine emotionale, in die Zukunft gerichtete Argumentation über Qualitätspositionierung und besondere Produkteigenschaften die Kernaufgabe der Kommunikation. Sie muss der Qualität der Marke entsprechen, auch in einer Krisensituation.

- ❖ *Sobald es um Marken geht, ist Markenschutz Chefsache und das bedeutet, Sie packen Medikamente starker Marken in Ihren Krisennotfallkoffer.*

Kapitel 14: Nach der Krise – die Reputationskommunikation

„Imagepflege ist keine Lackpflege, kein Aufpolieren von Oberflächenglanz, sondern eine Frage der Qualität der ganzen Konstruktion."

Werner Niefer, deutscher Automobilmanager

Die Arbeit danach ist ungeahnt wichtig

Der Zustand Null wird wiederhergestellt. Das zweite Kapitel zur Krisenprävention zeigte das Beispiel eines Unfalls bei Porsche. Hier folgt die Pressemeldung der Entwarnung und der Wiederaufnahme der Produktion:

Freitag, 29. Februar 2008, 11:04
Betreff: Presse-Information – Porsche beginnt am Montag wieder mit der Produktion des 911

> „Stuttgart: Die Dr. Ing. h.c. F. Porsche AG, Stuttgart, wird am kommenden Montag, 3. März, die Produktion der Baureihe 911 im Stammwerk in Zuffenhausen wieder aufnehmen. Diese war am vergangenen Montag gestoppt worden, nachdem es zu einer Verpuffung in der Lackiererei gekommen und dabei ein PVC-Gelierofen stark beschädigt worden war. Der Gesamtschaden beläuft sich auf eine Summe von mehreren Hunderttausend Euro und ist weitgehend über Versicherungen abgedeckt. Die Ursachen des Unglücks sind inzwischen bekannt.

> Externe Gutachter haben festgestellt, dass der Austritt des Gases auf einen technischen Defekt zurückzuführen ist. Eine Überprüfung der anderen Öfen hat ergeben, dass diese einwandfrei arbeiten und voll funktionsfähig sind. Der im Laufe dieser Woche entstandene Produktionsrückstand von rund 800 Fahrzeugen kann durch Sondermaßnahmen noch während des laufenden Geschäftsjahres voll ausgeglichen werden."

Dieses Beispiel zeigt Ihnen deutlich, wie nach der Krise agiert wird. Aufklärung, Informationen über Ursache und Verlauf, Schadenhöhe und der menschliche Aspekt bestimmen den Inhalt. Ist eine Krise überstanden, bedeutet das vor allem, die Kommunikation weder einzustellen noch einzuschläfern. Im Gegenteil, jetzt ist die Gelegenheit günstig, positive Nachrichten zu verbreiten, vorausgesetzt, Ihre Kommunikation während der Krise war umsichtig.

Kommunikationsanalyse danach

Folgende Überlegungen sollten in Ihre Nacharbeit bzw. Nachbereitung einfließen. Eine Konferenz aller Beteiligter ist empfehlenswert, sodass alle Fragen, offenen Probleme und Modalitäten diskutiert und erfasst werden können:

- Sind Modifizierungen in der Unternehmens- und Kommunikationsstrategie erforderlich? Welche Maßnahmen müssen Sie einleiten?
- Wie effizient sind Ihre Maßnahmen aufeinander abgestimmt und was bedeutet das künftig für die Krisenkommunikation?
- Müssen Sie weitere Aspekte für das zukünftige Krisenmanagement berücksichtigen?
- Welche neuen Erkenntnisse haben Sie durch die Medienanalyse und das Presseecho gewonnen?

- Wer ist zusätzlich als Interessengruppe (Denglish: Stakeholder) wichtig?
- Gibt es negativ eingestellte Journalisten oder Medien, die Ihrer Darstellung geschadet haben?
- Wie müssen Sie die Kontaktbasis verbessern und den Informationsfluss korrigieren?
- Gibt es für Sie Zielgruppen, die künftig stärker in den Fokus gebracht werden müssen?
- Nutzen Sie zusätzliche Kommunikationsanlässe, um die eingeleiteten Maßnahmen zur Krisenüberwindung besonders positiv darzustellen, z. B. Internet; Gastartikel in Fachzeitschriften, Buchveröffentlichungen ...?
- Entdecken Sie neue, lukrative Chancen für den künftigen Marktauftritt bezüglich Image, Produkten und Marke?
- Waren die von Ihnen erarbeiteten Kommunikationsmaßnahmen konkret genug, um Vertrauen und Glaubwürdigkeit in der Öffentlichkeit zu erweitern?
- Haben Sie alle Aspekte der Nachbereitung bedacht? Wurden alle relevanten Faktoren wie Zeit, Ablauf, Menschen, Schadenshöhe, Folgen, Maßnahmen, Konsequenzen und Veränderungen analysiert?

Stellen Sie sich auch die Frage, ob alle Veröffentlichungen, Beiträge und Sendungen archiviert worden sind. Das erleichtert zum einen die analytische Arbeit, hat aber auch in der Nachbereitung einen hohen Lerneffekt. Gerade bei Trainings oder Coaching-Einsätzen ist dies internes Grundlagenmaterial, auf dem sich eine perfekte Krisenprävention für kommende Ereignisse aufbauen lässt.

Der Krisenstab

Nach diesen Betrachtungen wenden Sie sich dem Krisenteam oder Krisenstab zu. Analysieren Sie dessen Arbeit und deren Ergebnisse, Erfahrungen und Erlebnisse. Eine Minikonferenz mit einer offenen Arbeitsatmosphäre ist dabei hilfreich. Falls Sie Krisentrainer von außen zur Verfügung haben, sollten diese selbstverständlich dabei sein.

Folgende Punkte sollten Sie konsequent abfragen und durchgehen:

1. Hat das Krisenteam optimal zusammengearbeitet?
2. Wie ist jeder Einzelne mit Belastungen und Stress umgegangen?
3. Gab es Störungen, die in Zukunft ausgeschlossen werden können?
4. War der Wissenstand der Beteiligten ausreichend, oder hat es Unsicherheiten gegeben?
5. Müssen Leitlinien, Verhaltenskodizes, Produktbeschreibungen, Beipackzettel, Betriebsanleitungen, Werbeauftritte, Ethik- und Umwelt-Manuals etc. verändert werden?
6. Gibt es unterschiedliche Auffassungen im Krisenstab über Prozessabläufe während des Krisenverlaufes?
7. Wie waren der Gesamtablauf und die zeitlichen Abschnitte des Teams organisiert?
8. Werden zusätzliche Seminare oder regelmäßige Trainings benötigt, um künftig besser auf Krisensituationen vorbereitet zu sein?
9. Wie kann jeder Einzelne künftig besser dazu beitragen, die Abläufe und Prozesse zu optimieren?
10. War der Krisenstab technisch ausreichend mit allen Kommunikationsmitteln ausgerüstet?

11. Gab es einen Punkt, den man als Wendepunkt innerhalb der Krise bezeichnen kann und wodurch wurde er ausgelöst?

Die Kommunikationsbeziehungen zu den einzelnen Medien, Redaktionen, Journalisten sind nach einer Krise oft intensiver als in anderen Zeiten. Dieser zusätzliche Aufmerksamkeitsbonus ist geeignet, langfristige vertrauensbildende Kommunikationsschwerpunkte für die Reputation des Unternehmens, für die Marke, für die Produkte und Dienstleistungen, für das Image der Partei zu setzen.

Die Chancen, sich bei Ihren Interessengruppen mit den geeigneten Medienkontakten, die Sie gewonnen haben, Reputationszugewinn zu verschaffen, sollten Sie nicht ungenutzt verstreichen lassen.

Denken Sie daran: Nach der Krise ist immer vor der Krise!

❖ *Mit der Nachbereitung hat auch der Notfallkoffer sein Verbandskästchen bekommen. Er ist nun komplett gepackt und kann Ihnen als ein Begleiter durch alle Krisen und krisenhaften Erscheinungen hilfreich zur Hand sein. Sie müssen ihn nur öffnen. Eine kleine Innovation, die so viel bewirken kann.*

Kapitel 15: Der Strategieplan – Check für den Krisenfall

„Strategie ist ein System von Notbehelfen."

Helmuth Graf von Moltke, preußischer Generalfeldmarschall

Der Krisenmasterplan

Jeder, der mit Krisen zu tun hat oder eine durchlebt, sehnt sich nach Checklisten. Hier finden Sie die Mega-Checkliste, die unabhängig von der Art der Krise in Anwendung gebracht werden kann.

Ganz gleich welcher Branche Sie sind. Dieser Strategieplan ist ein branchenübergreifendes Papier, das eine Vielzahl von Möglichkeiten aufzeigt, wie Sie strategisch arbeiten und somit Schaden begrenzen oder auch abwenden können ... ein Plan zur Entdramatisierung.

Die Geißel unseres Jahrhunderts heißt im Moment auch Terrorismus. Es wäre fatal, die Augen davor zu verschließen. Die Zeitbombe tickt bereits und die trojanischen Pferde sind aufgestellt. Wir begegnen auch jenen, die gegen die Priamos Tochter Kassandra wettern und medial zu Felde ziehen.

Die Anredeform ist bewusst geändert worden, denn der Krisenplan ist Ihr Arbeitsmittel und die Fragen sind Ihre Fragen, die Sie sich beispielhaft stellen sollten.

PHASE 0: „Alles im grünen Bereich“ Vor der Krise: Präventionsphase

1. Analyse etwaiger Krisengefahren

Krisen sind oft die Eskalation eines schleichenden Problems. In der Analysephase können die Probleme frühzeitig erkannt werden.

Rechtzeitige Gegenmaßnahmen haben schon oft geholfen, Krisen zu verhindern oder einzudämmen.

Viele Unternehmen sind unvorbereitet, wenn sich ein Krisenfall ereignet. Das bringt oft ein „Improvisieren“ mit sich. Meist fehlt noch der Krisenstab und die Mitarbeiter „fischen im Trüben.“

„Kein Kommentar“ ist meist der einzige Kommentar.

Krisenarten der Bedrohung:

Wirtschaftskrise	Kann eine Branchenkrise (z. B. Bankenkrise) mein Unternehmen treffen? Verhärtet sich der Wettbewerb? Steht eine Übernahme ins Haus? Warum sinken unsere Gewinne? Wie gierig sind unsere Aktionäre? Wie weit trifft eine Strukturkrise das Unternehmen?
Produktkrise	Erreichen unsere Produkte auch morgen die Grenzwerte? Ist Produktmissbrauch bekannt? Gibt es Produktkrisen bei der Konkurrenz? Sind unsere verwendeten Materialien alle geprüft? Beobachten wir Marken-Trends? Gibt es Produktinnovationen der Wettbewerber?
Tech-Öko-Krise	Wie könnte ein Störfall aussehen? Was passiert, wenn ein Transport unserer Produkte zu Schaden kommt? Gab es Störfälle, Unglücke und Ereignisse, die auf uns zutreffen könnten?

Inhouse-Krise	Gibt es Umstrukturierungen, Personalprobleme, Entlassungen, Sabotageakte? Wird es Streiks geben? Haben wir Führungsprobleme im Management? Wie dreht sich das Personalkarussell?
Fusionskrise	Gerüchte haben oft Krisen ausgelöst. Fusionsverhandlungen beispielsweise und anstehende Unternehmensverkäufe nehmen die Mitarbeiter der betroffenen Unternehmen sehr häufig als krisenhafte Situation wahr. Der Umgang mit Fusions- und anderen Gerüchten sollte ein Teil der Krisenkommunikation sein.
Politische Krise	Schaden uns Interessengruppen, Gesetze, politische Strömungen, ideologische Konflikte? Betrifft uns „Angstmache" oder die Entwicklung von Feindbildern? Meist stecken noch langanhaltende Strukturkrisen im politischen Umfeld, da Entscheidungen aufgeschoben werden: Sozialstaat, Demografie, Bildungsqualität, Familienpolitik ...

Medien

- Lässt sich das Ausmaß medialer Öffentlichkeit für das Unternehmen oder die Organisation im Krisenfall einschätzen?
- Gibt es im Unternehmen oder in der Partei Risikofiguren, die beim Auftauchen der ersten Kamera „hier" schreien?
- Welche Leitbilder werden gerade von den Medien entwickelt?
  - Zieht Lidl alle Discounter ins Licht der öffentlichen Betrachtungen?
  - Wird Off-Roadern der Garaus gemacht durch Öko-Panik?

  - Wird wie im Fall der Dresdner Brücke über die Elbe ein Dauerthema entfacht?

- Gibt es im Moment Symbole, die meinem Unternehmen oder meiner Organisation schaden?
- Berichten die Medien von „schwelenden Krisenherden“?
- Existiert Bedrohungspotenzial?
- Welche Medien bedienen meine Öffentlichkeit, meine Kunden und meine Lieferanten?
- Wie hoch ist das mediale Interesse an meiner Firma oder meiner Organisation im Krisenfall? Entscheidet die Schwere der Krise darüber?

Unternehmen

Durchforsten Sie Ihr Unternehmen. Oft liegen Krisenherde näher als Sie denken, nämlich im eigenen Unternehmen in der Routine.

- Welche Marken könnten gefährdet sein?
- Haben wir einen unaufgearbeiteten Makel in unserer Historie?
- Gibt es Vorbehalte in der Öffentlichkeit?
- Sind wir „Buhmänner“ für die Politiker?
- Gibt es blinde Flecken in unserer Organisation?
- Gibt es einen Umstand oder ein Ereignis, was als Krisenkern gekennzeichnet werden könnte?
- Könnten wir in die Lage kommen, gesellschaftliche Normen zu verletzen?
- Wurden Risiken untersucht, wie Mängel in der Qualitätskontrolle, Sicherheitsmanagement und die Einhaltung von gesetzlichen Vorgaben? Wurden die Qs & As überprüft?
- Mit wem könnte ich ein Frühwarnsystem erarbeiten?
- Sind alle Prozesse im Unternehmen funktional?
- Sind unsere Mitbewerber schon in den Schlagzeilen gewesen?
- Sind die Märkte sicher, in denen unser Unternehmen agiert?

2. Strukturmaßnahmen

Welche Managementstruktur findet sich in Ihrem Unternehmen oder Ihrer Organisation. Strukturen offenbaren oft Machtverhältnisse, Befugnisse und Informationsflüsse.

- Verfügen wir über ein Organigramm, dass die Informationsflüsse und Entscheidungswege im Unternehmen aufzeichnet?
- Besitzen wir ein Organigramm über die Entscheidungs- und Informationswege der staatlichen Behörden und Dienststellen?
- Werden Entscheidungen angstgeleitet oder offen getroffen?
- Gibt es Verstöße gegen regeltreues Verhalten von Mitarbeitern und Vorgesetzten?
- Wie sehen die Hierarchien aus (Arbeitsgruppen oder Absolutismus)?
- Wie sieht Teambildung im Unternehmen aus?
- Wer könnte im Krisenstab mitarbeiten? Wer könnte ihn leiten?
- Inwieweit kann der Krisenstab die kommunikativen und geschäftlichen Interessen des Unternehmens oder der Organisation bündeln?
- Wer kommuniziert nach außen (der Vorstandsvorsitzende, der Geschäftsführer, der Inhaber, der Generalsekretär, der Pressesprecher, Wissenschaftler, der Abteilungsleiter, der Direktor ...)?

3. Kommunikation

Stellen Sie Ihre Kommunikationspolitik auf den Prüfstand. Fragen Sie sich, wie schnell, wie präzise und wie professionell die Kollegen der Unternehmenskommunikation arbeiten können?

- Verfügen wir über Telefon- und Maillisten mit 24-stündiger Erreichbarkeit und Vertreterregelungen innerhalb des Unternehmens?
- Gibt es Aspekte, die den Umweltschutz und die Mitarbeitersicherheit in besonderer Weise ansprechen?

- Existiert ein Krisenplan, der auch die Krisenkommunikation involviert?
- Sind Notfallpläne mit Verhaltensregeln für Mitarbeiter, Anwohner oder Verbraucher entwickelt worden?
- Welche Interessengruppen sind für die Kommunikation in Krisenzeiten wichtig (Kunden, Mitarbeiter, Aktionäre, Verbände ...)
- Sind Protokolle und Formulare entworfen worden?
- Gibt es vorformulierte Texte, Botschaften und Informationen?
- Wurde eine Vertraulichkeitserklärung für alle im Krisenfall Beteiligten oder Mitwisser verfasst?
- Sind alle vorbereiteten Kommunikationsmaßnahmen von einem Juristen geprüft worden?
- Existiert ein Krisenmanual, in dem alle Abläufe, Dokumente, Ansprechpartner, Pläne und Verhaltensregeln erfasst sind?
- Sind alle Informationen digital abrufbar und sind diese auch in gedruckter Form verfügbar, falls Stromausfall oder Störungen das Betreiben von PCs nicht möglich machen?
- Existiert eine Liste mit allen relevanten Internetadressen für Chatrooms, Communitys oder Seiten, die sich mit uns beschäftigen könnten?
- Welche Netzwerke können aufgebaut werden, sodass Kontakte bereits im Vorfeld funktionieren (Verbraucherschutzverbände, Journalisten, Medien, Behörden, Kirchen und Kompressoren wie Greenpeace, Robin Wood, WWF und Amnesty International).

4. Training

Der Stab muss trainiert werden. Alle relevanten Instrumente müssen in das Trainingsprogramm einbezogen werden. Übungen vor der Kamera, dem Mikrofon, beim Telefoninterview, Remoteinterview müssen geprobt werden. Statements, Fragestellungen, Botschaften müssen ebenfalls trainiert werden.

- Wurden Krisensituationen und der Umgang mit Medienanfragen gezielt trainiert?
- Sind Szenarien zum Üben entwickelt worden?
- Suchen Geschäftsleitung und Krisenstab den Schulterschluss?
- Wer könnte Trainer oder Trainingspartner sein?
- Wieweit muss die persönliche Vorbereitung jedes einzelnen gehen?
- Haben Sie Mitarbeiter für die Telefon-Hotline geschult?
- Haben regelmäßig Workshops stattgefunden, um die Abläufe und Prozesse zu optimieren,?
- Krisenworkshop: Krisensensibilisierung und Einführung in die Methodik erfolgreicher Krisenbewältigung für Führungskräfte, Pressesprecher, Produktmanager, Pharmareferenten etc.

5. Sonstige Aspekte

Terrorismus

- Wie groß könnte die Gefahr sein, Ziel terroristischer Anschläge zu sein?
- Vertrete ich einen besonderen Symbolwert des Westens?
- Welche Auswirkungen auf die Kerngeschäftsfelder könnte ein Anschlag haben?
- Könnten meine Mitarbeiter mit Terroristen kollaborieren?
- Ist der Werkschutz geschult und entsprechend vorbereitet?
- Gibt es einen Notfallplan, der Feuerwehr, Krankenwagen und Polizei aktiviert und für die Menschen eine Soforthilfe darstellt?
- Existiert eine Kommunikationsstrategie für solche Fälle?

Technik und Dokumentation

- Gibt es Räumlichkeiten für den Krisenstab, die kurzfristig zum Zentrum des Stabes umfunktioniert werden können?
- Werden aktuelle Informationen sowie audiovisuelle Daten laufend aktualisiert? Ist die sofortige Verfügbarkeit garantiert?

- Wurde die Internetplattform für Krisenkommunikation vorbereitet (Programmierung der Eckbausteine und Funktionsweisen sowie Layoutfestlegung)?

PHASE 1: „Alles im gelben Bereich" Krisenbeginn: Aktionsphase

1. Maßnahmen mit engem Zeitfenster: Einberufung des Krisenstabes

- Technik-Check der Krisenräumlichkeiten (Telefon, Internet, Intranet, Handys, TV, Beamer, Laptops, Walkie-Talkie, Checklisten aller zu erreichenden Ansprechpartner und Institutionen intern und extern).
- Protokollant beginnt zu dokumentieren. Schreibschutz des Dokumentes nicht vergessen.
- Stabschef verteilt Aufgaben und Verantwortlichkeiten und legt die Eskalationsstufen fest.
- Bei Störfall, Unglücksfall oder kriminellem Akt müssen die Behörden unverzüglich informiert werden.
- Verbindung zur Unternehmenskommunikation herstellen.
- Fragestellungen, die sich aus dem Ereignis ergeben, müssen in ein Fragen- und Antwort-Papier eingebracht werden.
- Geplante Werbeaktivitäten überprüfen und im Zweifelsfalle stoppen (Kampagnen, Event, Presseaussendungen und Kundenveranstaltungen).

2. Die Schritte des Krisenstabes

- Klärung des Anlasses für die Krise.
- Wer ist der Verursacher?
- Was ist zu befürchten?

- Kann es zu Kettenreaktionen kommen?
- Gibt es bereits Reaktionen, die sofortigen Handlungsbedarf haben?
- Wer hat den Schaden gemeldet oder welches Medium berichtet bereits darüber?
- Wer weiß bereits intern und extern davon?
- Ist die Meldung glaubwürdig?
- Anweisung an Mitarbeiter mit Kontakten zur Öffentlichkeit (Empfang, Pförtner, Expedition, Außendienstleiter, Telefonzentrale, Call-Center-Leiter) über Kommunikationswege und Verfahrensweisen mit Medien.
- Information je nach Art der Krise: Aufsichtsrat, Geschäftsleitung Polizei, Aufsichtsbehörden, Staatsanwaltschaft, Behörden und Institutionen wie Ämter und Verbände.
- Hat das Ereignis hohe Auswirkungen auf das Tagesgeschäft?
- Sind Menschen zu Schaden gekommen? In welchem Ausmaß?
- Gibt es Verletzte (Graduierung) oder Tote?
- Sind die Betroffenen bekannt?
- Ist eine ärztliche und psychologische Betreuung vor Ort sichergestellt?
- Gibt es Vermisste? Ist eine Überpüfung auf Vollständigkeit durchgeführt worden?
- Sind wichtige Produktionsteile außer Funktion gesetzt?
- Gibt es Krisen verschärfende Faktoren?
- Müssen Anwohner (Brand, Giftwolke, Explosionsgefahr etc.) gewarnt werden? Abstimmung mit Experten im Stab, der Polizei und den relevanten Medien, zum Beispiel für einen Durchruf im Radio.
- Wer ist intern Experte für das Thema und kann weiteren Aufschluss geben?
- Wer ist extern mit dem Unternehmen oder der Organisation in klärender Weise verbunden?

- Beauftragung unabhängiger Experten mit Untersuchungen, Tests, Messungen oder Betreuungsfunktionen.
- Eigenes Expertenteam in Bewegung setzen.
- Wie hoch ist der Grad der Gesundheitsgefährdung?
- Wird es Spätfolgen geben?
- Wie ist das Ausmaß der Krise (finanziell, strukturell, existentiell und kommunikativ) gegenwärtig einzuschätzen?
- Welche Eskalationsstufe wird ausgerufen?
- Wie wird die weitere Gefahr oder Gefährdung eingeschätzt?
- Vor-Ort-Besichtigung in angemessener Aufmachung, um Präsenz zu zeigen.
- Gibt es Einrichtungen oder Werte, die in besonderer Weise geschützt oder in Sicherheit gebracht werden müssen?
- Berufen Sie eine Pressekonferenz ein!

3. Kommunikation

- Eventuell Hotline freischalten. Geschulte Mitarbeiter einsetzen.
- Aktuelle Unternehmensdaten zusammenstellen lassen für Pressedokumentation (Fotos, Infografiken, Texte, Produktinformationen, Dax-Wertevaluierung, Laborwerte und Forschungsergebnisse).
- Internetplattform für Krisenkommunikation aktivieren und redaktionell bearbeiten lassen (eventuell grelle Werbebotschaften und Unternehmensnachrichten entfernen).
- Ausarbeitung eines Fragen- und Antwort-Papieres:
  - Warum haben Sie keinen Impfstoff entwickelt?
    Wir forschen daran, aber die Versuchsreihen sind noch nicht abgeschlossen ...
  - Warum wird dieses Gefahrengut auf der Straße und nicht auf der Schiene transportiert?
    Unsere Händler sind leider nicht an das Schienennetz angebunden ...

- Welche ethischen Kriterien liegen Ihrem Handeln zugrunde?
  Der Mensch steht im Vordergrund ...
- Warum gibt es bei Ihnen trotz Pandemie Dienstreisen nach Fernost?
  Der Reisende ist ein Forscher. Er braucht die Ergebnisse unserer Kollegen aus Fernost, um hier heilen zu können ...

- Vorbereitung von Statements (Checklisten im Kapitel zur Statementtechnik).
- Vorbereitung bzw. Präzisierung von Pressemitteilungen,
- Vorbereitung einer Mitarbeiterinformation,
- Abstimmung mit Behörden (Pressesprecher der Börse, des Krankenhauses, der örtlichen Polizei, der Bundespolizei, der Staatsanwaltschaft ...),
- Dokumentation des Presseechos (Meldungen, Durchsagen, Nachrichten, Sendungen, Artikel, Kommentare, Interviews etc.),
- Hörfunkbeiträge als Volltextmeldung anfordern,
- Vorbereiten der Interviewsituationen (Checklisten im Kapitel zu Interviewtechniken).
- Vorbereiten der Pressekonferenz (Checkliste im Kapitel zur Pressekonferenz).

Exkurs: Maßnahmen bei Seuchen und Pandemie

Der Krisenstab verfährt hier nach den Pandemierichtlinien der WHO. Um die Entwicklung der Pandemie zu beobachten, findet eine intensive Pandemiedokumentation statt. Die Zusammenarbeit mit den Behörden ist in diesem Falle besonders intensiv.

Es liegen Pandemiepläne der WHO und der einzelnen Ländern vor. Die Notfallplanung eines Krisenstabes basiert auf der Grundlage solcher Pandemiepläne und wird im Vorfeld mit den lokalen Katastrophenschutzbehörden abgestimmt. Die werksärztlichen Dienste, sofern vorhanden, werden die Entwicklungen beobachten und den Leiter des Krisenstabes regelmäßig in Kenntnis setzen.

Der Infektionsbiologe Professor Stefan Kaufmann, Direktor des Max-Planck-Institutes für Infektionsbiologie in Berlin, vertritt die Auffassung, dass einige Tuberkulose Erreger gegen alle Antibiotika resistent sind. Die Gefahren, dass Malaria nach Europa eingeschleppt wird und dass die Vogelgrippe eine weltweite Pandemie auslösen könnte, sind nicht gebannt.

Impfstoff	Es ist zu prüfen, ob genügend Impfstoff für die Betreuung der Mitarbeiter bereitgestellt werden kann. Die Werksärzte sind hierbei Ansprechpartner.
Konferenzen	Meetings mit größeren Personenkreisen sind nicht zulässig. Stattdessen sind verstärkt Video-und Telefonkonferenzen abzuhalten.
Dienstreisen	Dienstreisen sind zu unterlassen. Ausnahmen sind mit dem Krisenstab abzustimmen.
Besucher	Externe Besucher dürfen nur in zwingenden Fällen empfangen werden. Einladungen sind zu stornieren.
Heimarbeit	Die Abteilungen des Unternehmens haben zu prüfen, welche Mitarbeiter ihre Aufgaben in Heimarbeit über Intranet und Mail erledigen können.
Bildung	Weiterbildungsmaßnahmen, Schulungen, die in Gruppen durchgeführt werden, sind abzubrechen und bis auf Weiteres zu verschieben.

Kantine	Die Schließung des Betriebsrestaurants und der innerbetrieblichen Verkaufsstellen ist sofort zu veranlassen. Die Mitarbeiter haben sich während des Arbeitstages selbst mit Getränken und Speisen zu versorgen.
Krankheit	Zeigen sich Krankheitssymptome am Arbeitsplatz, ist der Werksarzt aufzusuchen. Bei Auftreten von Symptomen zu Hause ist der Hausarzt sofort zu konsolidieren.
Schutz	Es sind Mund-Nasen-Schutz-Gesichtsmasken, Desinfektionsmittel und Medikamente in ausreichender Anzahl anzuschaffen bzw. einzulagern. Je nach der Anforderung des Krisenstabes werden diese ausgegeben.
Hygiene	Allgemeine Hygienemaßnahmen wie Händewaschen, das Tragen von Schutzhandschuhe etc. sollten verstärkt werden, antiepidemische Maßnahmen und Reduzierung der Personenkontakte sind erforderlich.

Kommunikationsschwerpunkte bei Seuchen und Pandemien

- Ausgabe der Informationen und Regelungen an die Mitarbeiter.
- Kommunikation auch über Intranet, Internet und Hotline.
- Erarbeitung besonderer Frage- und Antwort-Papiere, die brennende Fragen der Mitarbeiter beantworten und Panik verhindern, beispielsweise:
  - „Was passiert, wenn ich meiner Arbeit nicht nachkomme aus Gründen, die ich nicht verantworte (z. B. kein öffentlicher Nahverkehr, Kinderbetreuung, verstopfte, gesperrte Straßen)?

Welche Konsequenzen hat das (Entgelt, Gratifikationen, Versorgungsansprüche, Renten, Prämienzahlungen)? Was ist die Folge für mich und meine Angehörigen, wenn ich erkranke oder gar sterbe?“
- „Werden die Klima- und Belüftungsanlagen ausgeschaltet um die Übertragungsgefahr von Viren zu verringern?“

Ansprechpartner und Informationsstellen:

- Robert Koch Institut,
- Friedrich-Loeffler-Institut,
- Ministerium für Arbeit und Soziales der Länder,
- Bundesministerium für Gesundheit,
- Bundesministerium für Ernährung, Landwirtschaft und Verbraucherschutz.

Bei Dauer der Seuche oder Pandemie über einen längeren Zeitraum sind folgende Punkte wichtig:

- Abwesenheitsrate der Mitarbeiter dokumentieren,
- Krankenstand erfassen und melden,
- die Sicherung der Standorte und deren Funktionen wie Produktion und Logistik in ständiger Verbindung mit Entscheidern von Land und Bund,
- Entwarnungen in Zusammenarbeit mit den zuständigen Behörden und Ämtern.

Krisennachbearbeitung durch Feststellung, in welchen Dimensionen die Seuche oder Pandemie geschadet hat:

- Mitarbeiter- und soziale Dimension,
- Unternehmensdimension,
- Markendimension,
- Produktdimension,
- Geschäfts- und Marktdimension,

- Reputationsdimension,
- finanzielle Dimension.

PHASE 2: „Alles im roten Bereich“ Die Krise kocht: Interventionsphase

1. Welche Kriterien haben zur Verschärfung geführt? Der Krisenkern bestimmt Relevanz und Priorität der Informationen.

- Kenntnis und Verständnis für die Probleme kommunizieren, Lösungen anbieten,
- Selektion und Bewertung von Umständen und Informationen *„Houston, wir haben ein Problem!,“*
- Strategie für weitere Kommunikationsmaßnahmen entwickeln,
- Externe Kommunikation: aktive Medienarbeit verschärfen,
- Interne Kommunikation: z. B. Management informieren und Betriebsrat kontaktieren – sie sollten die Mitarbeiter informieren,
- gegebenenfalls Konsequenzen aufzeigen,
- Interventionsmaßnahmen festlegen und kommunizieren,
- Eigenmaßnahmen initiieren, zum Beispiel eine durchschlagskräftige Innovation oder technische Lösung,
- überprüfen, inwieweit Informationen den Interpretationsspielraum schadhaft vergrößert haben,
- Kompetenzführerschaft verstärken.
- Wie verhält sich die Konkurrenz?
- Wird alles noch verschärft?
- Wer wäre an der Verschärfung dieser Krise interessiert?
- Wie verhalten sich die Verbraucher?

- Sind wir konsequent genug?
- Verlangen die Medien oder die Politik ein „Zumwinkelsches Bauernopfer?“
- Was sagen die Kunden?
- Wie verhalten sich unsere Lieferanten?
- Welche Meinung vertritt unsere Hausbank?
- Gibt es Drohungen oder Solidarität?
- Veranlassen Sie eine zweite Pressekonferenz!
- Agieren wir schnell genug, oder sind unsere Entscheidungsprozesse zu lang?
- Wie gestaltet sich das allgemeine Feedback?
- Wie ist das Klima innerhalb des Krisenstabes?
- Lassen Sie eine Information produzieren, die den Zeitungen beigelegt wird. Diese informiert, stellt gegebenenfalls falsche Informationen richtig und kann steuernd in den Medienprozess eingreifen.

2. Greifen Sie aktiv in den Prozess ein:

- tauschen Sie die Teile aus,
- senken Sie die Zinsen,
- spenden Sie an die Betroffenen,
- geloben Sie Besserung und zeigen Sie einen Teilerfolg,
- nehmen Sie eine falsche Entscheidung zurück,
- entschuldigen Sie sich mit einem Lösungsansatz,
- nehmen Sie das Produkt aus dem Programm,
- stellen Sie Ihre neuen namhaften Partner vor,
- legen Sie den Sumpf trocken,
- lassen Sie den Vorstand verhaften,
- stellen Sie Ihr neues Sicherheitspaket vor,
- zeigen Sie, dass die Chemikalie nicht mehr verwendet wird,

- demonstrieren Sie Ihre Produktverbesserungen,
- zeigen Sie Reue und stehen Sie zu Ihrem Wort,
- erläutern Sie, wie Sie den Betroffenen helfen,
- bieten Sie Ihren Rücktritt an,
- decken Sie auf, was Ihnen geschadet hat.

PHASE 3: „Alles im blauen Bereich“ Die Krise ebbt ab: Durchatmen

Die Nachbereitung beginnt. Die Pressearbeit wird noch einmal intensiviert. Sie fragen sich, ob weitere Kriterien für das künftige Krisenmanagement aufgenommen werden?

1. Welche Rückschlüsse lässt das Medienecho auf die künftige Kommunikationsstrategie zu?
2. Sind Modifizierungen in der Unternehmens- und Kommunikationspolitik und ihrer Macher erforderlich?
3. Wer war der größte mediale Gegenspieler?
4. Wie gewinne ich diesen für mich?
5. Gibt es Gruppen, die wir ignoriert haben oder zu wenig informiert?
6. Hat das Krisenteam Schulter an Schulter gearbeitet?
7. Bewahrt das Krisenteam in belastenden Situationen die Übersicht?
8. Sind Informationslücken bei den Beteiligten aufgetreten?
9. Wie sieht das zukünftige Schulungsprogramm aus?
10. War der externe Krisenberater wichtig und richtig?
11. Hat der Krisenstab in allen Funktionen richtig gehandelt?

12. Wie sieht die Arbeit jedes Einzelnen aus?
13. Welche Meinung haben die Mitbewerber?
14. Gab es Pannen?
15. Müssen Qs & As angepasst werden?
16. Haben wir Sicherheitsmängel aufdecken können?
17. Sind Qualitätsmängel und deren Kontrollen erfasst worden?
18. Was hat wesentlich zur Krise beigetragen?
19. In welchem Zeitfenster können wir positive Veränderungen als Kommunikationsanlass nutzen?
20. Müssen Prozesse optimiert werden?
21. Wie werden wir unsere Lernprozesse positiv in der Öffentlichkeit darstellen?
22. Welche konkreten Kommunikationsmaßnahmen helfen, Vertrauen und Glaubwürdigkeit wieder in der Öffentlichkeit auf zubauen?
23. Entdecken wir Chancen für unseren weiteren Marktauftritt?
24. Gehen wir gestärkt oder geschwächt aus der Krise?
25. Welche Marktposition hat der Wettbewerb nach der Krise erhalten?
26. Waren wir konsequent genug?
27. Waren wir gut vorbereitet?

Die Analyse und Moderation der notwendigen Veränderungsprozesse, einhergehend mit einer detaillierten Krisendokumentation zur Aufarbeitung des Krisenfalls ist notwendig.

Die Durchführung von vertrauensbildenden Maßnahmen sollte Dialogcharakter haben (Informationsportale, Symposien ...).

Damit ist Ihr Krisennotfallkoffer komplett gepackt. Die nächste Krise kann kommen. Vielleicht entwickelt sie sich sogar aus den bereits vorhandenen Strukturkrisen. Ich bin sicher, durch gute Prävention können Sie gestärkt aus jeder Krise gehen. Gewitter sind gewöhnlich reinigend.

- *Und Sie haben Ihren Krisennotfallkoffer mit Instrumenten, Medikamenten und Verbandszeug versehen. Damit können Sie sich, Ihrem Unternehmen, Ihrer Organisation und sogar anderen helfen.*

Liebe mit fünf Buchstaben: Danke

„Dankbarkeit ist das Gedächtnis des Herzens.“

Jean-Baptiste Massillon; Hofprediger Ludwig XIV.

Danke sage ich vor allem meiner Frau Anne-Kathrin Garth, die mir den Rücken frei gehalten hat und deren Sicht als psychologische Beraterin eine große Bereicherung für mich ist. Danke auch meiner „germanistischen“ Tochter Liesbeth-Helene, die trotz Studium geduldig und unermüdlich Korrektur gelesen hat.

Ermunternd war Professor Arthur Kruck, der mich mit seiner Begeisterung beflügelte. Ich danke meinem Bruder, Pfarrer Alexander Garth, Dr. Helfried Schmidt, Petra Tröger und Prof. Dr. Hermann H. Dieter für die guten Gespräche und die anregenden Diskussionen. Ich danke Sandra Will, die Vieles in puncto Kommunikation in Bewegung gebracht hat und Clemens Köhler, der dieses Thema gern zwischen zwei Buchdeckeln sieht.

Danke sage ich den zahlreichen Firmen, Organisationen, Verbänden, Unternehmen und Kommunikationsmanagern, denen das Krisenthema wichtig ist. Danke auch für die vielen Erfahrungen, die innerhalb der Trainings erfolgen konnten und für die Begegnungen in Krisenzeiten, die den Schulterschluss gebracht haben.

Danke sage ich vor allem meinem Verlag und Maria Akhavan für die unkomplizierte Art der Vorbereitung. Ein ganz lieber Dank gebührt meiner Lektorin Stefanie Winter für ihre Betreuung, Geduld und antreibende Kraft.

Ich danke meinen Söhnen Wilhelm-Rafael und Salvadore-Hugo für die Zeit, in der sie duldsam mein „psychisches Nichtvorhandensein“ getragen haben. Ich danke Kiwi, dem Kater, der oft beim Tippen kuscheln kam und meine müden Finger leckte.

Literaturverzeichnis

ALLGAYER, FLORIAN; KALKA JOCHEN (HRSG.): Zielgruppen, mi-Fachverlag, 2006

ANTOINE, ANNETTE; GARTH, ARND JOACHIM: Das Dialogomobil, Verlag Werbweb, 2000

DITTMAR, PETER: Guggenheim in der Krise, Die Welt, 18.April 2008

ECKERT, DANIEL: Mehr Markt, weniger Hybris! Die Welt, 25. März 2008

ECO, UMBERTO: Zeichen, edtion suhrkamp, 1977

ECO, UMBERTO: Einführung in die Semiotik, UTB, 1985

FREUD, SIGMUND: Werkausgabe in zwei Bänden, Fischer Verlag, 2006

GALLANDI, VOLKER: Risikostrukturen, P.T. Magazin für Wirtschaft, Politik und Kultur, Ausgabe 3, 2008

GARTH, ALEXANDER: Warum ich kein Atheist bin, Gerth-Medien, 2008

HEUZEROTH, THOMAS: Der Unbeirrbare, Die Welt, 30. Januar 2008

HILDEBRAND, JAN: Siemens gnadenlos, Die Welt, 31. März 2008

JUNKER, HERHARD H. (HRSG.): Der Anglizismen-Index, IFB Verlag, 2008

KAUFMANN, STEFFEN: Welche Seuchen Deutschland bedrohen, DIE WELT Wissenschaft, 16. Februar 2008

KERNIG, CLAUS D.: Politik und Technologie – Analyse eines miserablen Verhältnisses, Vortrag in Sindelfingen 2003

KÖLLING, MARTIN/DALAN, MARCO: Aus jeder Krise ein Erfolg – Toyotas eigenwilliger Weg an die Weltspitze, Die Welt, 13. Januar 2008

KRÖNIG, JÜRGEN: Political Correctness, Die Zeit, 2004

KRYSTEK, ULRICH: Handbuch Krisen- und Restrukturierungsmanagement, Kohlhammer, 2007

LANGE, KAI: Die zweite Krisenwelle rollt an, Spiegel, 9. Mai 2008

LUFT, JOSEPH; INGHAM, HARRI: The Johari Window. University of California at Los Angeles, 1955

MERTEN, KLAUS: Determinanten des Issues Management, Ulrike Röttger (Hrsg.) in: Issues Management, theoretische Kozepte und praktische Umsetzung, Westdeutscher Verlag, 2001

MÜLLER, UWE: Staatsanwälte ermitteln bundesweit gegen Journalisten, Die Welt, 4. August 2007

NEUJAHR, ELKE (HRSG.): PR in schwierigen Zeiten, Martin Meidenbauer, 2005

SCHMIEMANN, BRIGITTE: Klinik-Skandal: Wer hat Schuld?, Berliner Morgenpost, 15. August 2007

SCHMIDT, UWE: Der amerikanische Wahlkampf, Die Welt, Februar 2008

SCHRÖDER, TOBIAS: Magellan-Studie, Humboldt-Universität Berlin 2008; www.projekt-magellan.de

SCHULZ VON THUN, FRIEDEMANN: Miteinander reden, Teil 1-3, Rowohlt Taschenbuchverlag, 2005

SIMON, WALTER: Grundlagen der Kommunikation, Gabal 2004

WACHTEL, STEFAN: Sprechen und Moderieren in Hörfunk und Fernsehen, UVK Medien, 2000

WATZLAWICK, PAUL: Wie wirklich ist die Wirklichkeit?, Piper, 2003

Abbildungsverzeichnis*

* Sämtliche Karikaturen und Infografiken hat der Autor selbst geschaffen.

Stichwortverzeichnis

Der Autor

Foto: Manfred Remitz

Arnd Joachim Garth ist vor allem über die Rhetorik und die Semiotik zur Krisenprävention gelangt. Sein berufliches Leben ist ein Drittelmix.

Im ersten Drittel ist Arnd Joachim Garth neben seiner Professur an der Privatuniversität für Europäisches Management noch Dozent für Mediadesign, Semiotik und Kommunikationsdesign an der MedienDesign Hochschule in Berlin.

Sein zweites Drittel gehört den rhetorischen Prozessen im Umgang mit Medien und der Öffentlichkeit, und gipfelt in Vorträgen, Seminaren und Coaching durch das Institut für Marken- und Kommunikationspsychologie in Berlin.

Das dritte Drittel ist die Ideenfabrik. Hier entwickelt der „Ideenfabrikant“ nicht nur Krisenpräventionsprogramme, sondern auch Marken und Marketingideen.

Der Autor lebt mit seiner Frau und drei Kindern in Berlin und pflegt privat die Malerei und Grafik nach dem Credo: „An den Zeichen werdet ihr sie erkennen.“

Kontakt: garth@ideenfabrik-berlin.de